的
美味科學

松浦達也
著
周雨枏
譯

拆解炸雞、牛排、漢堡肉等35道肉料理的美味關鍵，
在家也能做出如同專業廚師水準的料理筆記

前言

「想吃好吃的肉！」對於這突如其來的渴望，就算再怎麼掙扎也是抵抗不了的。最糟糕的是，這股衝動從早到晚不分平日周末都會降臨。另一個肉的邪惡之處，就是你明明已經吃了牛排，還沒半天，你就已經開始受到炸雞的吸引；才吞下漢堡排沒幾小時，就已受不了涮涮鍋的誘惑……。就算暫時壓下了一次發作，馬上又忍不住要為不同肉類而煩惱犯愁。

有多少種肉就有多少種魅力，且「好吃的肉」背後必然有理由。當然，有很多唯有靠專家的技術和食材才能實現的「鮮美」，但其實一般家庭就算不特別使用困難的技法，只用家裡的調理器具也可以完成出乎意料好吃的料理。只要知道專業手法背後的原理以及想要達到的效果，就可以採用不同的方法去攻略同樣的目標。

近十年來，「調理科學」對餐飲業的的調理手法已產生長足影響。舉例來說，二十世紀之前萃取昆布高湯的做法「將昆布放入冷水中，煮到就要沸騰前即撈出昆布」是絕對不可撼動的常識。但二〇〇二年時，大學的研究團隊根據實驗結果提倡全新的說法：「用攝氏六十度加熱一小時才能讓昆布釋放出最多麩胺酸」（註：見21頁說明），在那之後，整個和食的高湯萃取方法包括柴魚高湯都重新受到建構。

肉類食譜中可找到「將肉的表面烤熟鎖住鮮味」的敘述，但其實這個說法在快一百年前就已經被否決了。要烤熟表面的理由並非只為了鎖住鮮味，而是加熱產生的化學變化——梅納反應——會形成香氣成分，讓肉的風味更加豐富。

就算是資訊流通管道大幅增加的現在，「常識」改變的速度依然十分緩慢。非但如此，資訊的龐雜反倒讓獲取正確資訊變得更加費力了。

本書蒐羅了學術論文及各種文獻當中和「在家做出美味肉料理」相關的有效理論。找出在家裡的廚房也能應用的手法徹底驗證過後化約成普遍性原則，再整理成食譜的形式。除此之外，像72頁的漢堡排一樣細細拆解每個步驟重新安排的食譜也不下少數。其背後的理論和邏輯除了列於食譜中「關鍵」條目下之外，也記載於各章食譜後的專欄裡。「味道」沒有放諸四海皆準的「正確解答」，然只要了解原理，應該就可以朝自己喜好的方向去自由發揮味道。

世界上存在著無限多種的「美味」，並且也深受食材的個體差異、個人喜好及身體狀態之左右。照理來說，加熱時間和調味料的量是無法數據化的。但只要知道「為何需要這道程序」便可找出基準以及如何改變步驟的方法，亦可配合吃的人去微調到最佳狀態。

本書核心一言以蔽之就是「肉」。若客人吃了肉後開心，那聚會等於已經成功了。我自己也有這樣的親身經歷。自二〇一〇年宮崎縣的口蹄疫以來，每年春秋兩季我和友人們一起主辦的「宮崎牛BBQ社」是一個給大人的社團活動，每次活動都會進七十公斤的肉，讓兩百人盛大地烤肉，盡情吃肉同歡。除了將數公斤到十幾公斤的肉塊加工成漢堡排、湯品等各種類型的料理外，當然也少不了豪邁的大塊肉燒烤。肉的引力不容小覷，我有幸被日本BBQ協會登錄為資深指導員的一員，協會在主辦「BBQ檢定」時也和前述的活動一樣，只要肉一烤好人潮就會自動聚集到一起，整個活動的氣氛也會被炒熱。「供餐系男子」是我自創團階段就參加的料理團體，在團體活動時只要我盡是烤大塊肉，就會有人逼問我：「那邊那個烤肉的人！下一道肉呢!?」不管在哪一個社群中，「看起來好好吃的肉」的威力都是最強的。

書中所刊載的食譜也是一例，希望各位讀者能吸收當中的基礎理論後將手上所擁有的食譜配方加以改良，若能讓大家吃得更開心，這便是我最大的幸福。

松浦　達也

目次

第三章

＼媽媽的味道！／

絞肉——家庭獨創的味道

第四章

＼肉非肉！／

醃肉

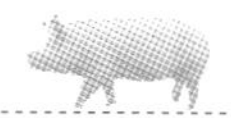

本書的使用方法

- 計量單位1杯＝200cc、1大匙＝15cc、1小匙＝5cc。
- 鹽若是粗鹽則用1cc＝1g去換算。1小匙約等於5g。使用量的基本基準為食材重量的1%不到。此外，精製鹽1小匙約等於6g。

第一章

肉塊的饗宴！

／大塊即正義！／

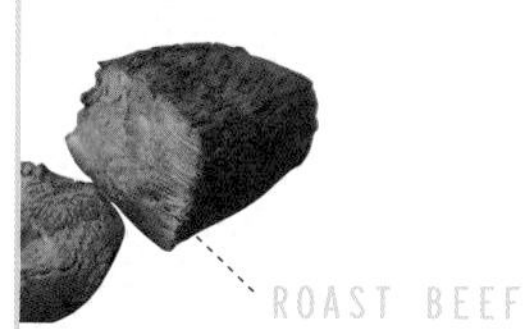

無論何時何地，肉塊和厚切肉片是讓人興奮不已的經典大菜。肉大塊就是好吃。調理的人也會特別下功夫的豪華菜單。還沒上桌就可聽到大家的歡呼聲。

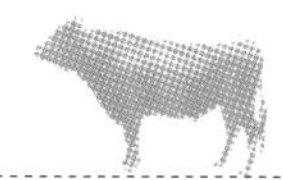

Foodstuff

BEEF

牛排

／肉汁噴射！＼

肉不會噴汁、太硬、烤太老……已經不想要再烤出這種牛排了。

POINT!!

壹

只確實烤熟肉的表面

褐色的焦色是已得到科學佐證的美味證據。焦色一定要確實上好，但黑掉碳化的焦色是不行的。

貳

置於溫暖的地方「休息」

為了達到理想的內部溫度，最安全的做法就是反覆「烤後休息」的步驟。休息時要將肉置於爐火附近等溫暖的地方。

参

利用OK手勢去判斷熟度

比出OK手勢，此時施力的大拇指根部大魚際的硬度就是熟度的基準。

■材料（1人份）

牛排250g（較厚的比較好烤）
國產牛牛油 適量
鹽 ½小匙
大蒜 1瓣
（依照個人喜好添加）胡椒、柚子胡椒、山葵、醬油等 適量

■做法

一 牛肉從冰箱中拿出後放置20分鐘降至常溫。大蒜切片。將牛油加入平底鍋中，放入蒜片，用小火炒到變色後取出。

二 用大火加熱平底鍋。將一半的鹽灑在肉上，將帶鹽的那面朝下放入平底

鍋中後立刻將剩下一半的鹽灑在肉朝上的那一面。煎10秒後翻面再煎10秒。起鍋將肉置於溫暖的地方休息約2分鐘。

III 待肉的表面溫度降到用手摸不會燙時，再度放入鍋中兩面各煎10秒後取出休息，重複上述步驟數次。用表面的溫度和硬度來判斷是否完成。基準為比出OK手勢的大魚際（虎口）硬度。一分熟＝大拇指和食指的OK手勢，三分熟＝大拇指和中指，五分熟＝大拇指和無名指。

IV 待肉已經到達目標硬度時離火，切成1～2㎝厚。搭配上I的大蒜，依照個人喜好用胡椒、柚子胡椒、山葵、醬油等去調味後食用。

「好吃的肉」的法則

這十年來，能吃到好吃的肉的店大量增加。針對火候控制的細膩度遠遠超越以往牛排專門店的法國菜和義大利菜餐廳也變多了。對於喜歡吃一分熟～三分熟瘦肉的人來說正是求之不得的趨勢。

我心中一直有個疑問。去（日本的）牛排專門店點了牛排後，上菜時牛排總是不動如山的放在熱騰騰的鐵板上，一邊發出滋滋聲。這看了確實會讓人興奮不已，但我點的是一分熟……。再這樣下去牛排會越來越熟。於是我只好慌慌張張地把牛排放到配菜上方避難。終於可以鬆一口氣了……。

實在是不可思議。若上菜時使用熱熱的鐵板，牛排當然會超過客人點餐時的熟度。對於喜歡吃較生的客人而言這可是致命傷。不知道從何時開始，我就不再去牛排館吃牛排或者大塊肉了。我開始改在朋友家舉辦的酒會等聚會烤肉，並嘗試各種不同的烤肉手法。例如我曾模仿米其林三星餐廳的方法讓肉塊反覆進出烤箱二十幾次，又曾經試過用風箏線將肉吊在鍋裡加熱。

要定義出什麼是萬人共通的「好吃的肉」相當困難。單看肉質這一項，有人喜歡黑毛和牛等級布滿大理石紋油花的昂貴霜降肉，但也有人喜歡短角牛帶有富有層次滋味的瘦肉，人人各有所好。不過，無論是誰，關於「難吃的肉」的口徑倒是相當一致：「很硬」和「柴柴的」。反過來說，所謂的「好吃」，和特定的「柔嫩度」和「多汁度」有很深的關聯。同時，「硬⟷軟」、「多汁⟷乾柴」則和肉的溫度緊密相關。

「食用肉的蛋白質於30～35℃時開始凝固，當溫度上升到40～50℃時硬度會急遽增加，保水性則會急遽降低。（中略）這個變化到了50～55℃會暫時停止，再繼續加熱下去的話，肌原纖維蛋白質會收縮凝固，肌漿蛋白質則會於55～65℃時凝固成豆腐狀。構成筋膜和肌腱形狀的基質蛋白質原本在生肉中就已經很強韌且富彈性，加熱後會更加收縮變得堅硬。其中基質蛋白中的膠原蛋白的收縮又特別強烈，於62～63℃時會行不可逆之收縮成正常的三分之一。」（摘自《早該知道的肉類常識》食肉通訊社）

超簡單地說，肉只要超過60℃左右的溫度，水分就會被擠出並變硬。當溫度上升到75℃，就會發生肉汁幾乎都流失到外部的憾事。「肉汁」雖沒有正式的定義，但一般而言指的是肉內部的水分和油脂液化後的產物。若想要肉汁則必須將內部溫度維持在60℃附近。這個法則不僅適用於牛排、燒肉、豬排、炸雞等料理，除了燉煮料理外所有用煎烤和炸的肉類料理也是共通的。

順帶一提，厚生勞動省的說明裡將食用肉品的加熱基準訂為相當於以63℃加熱30分鐘。這個標準的重點在於「相當於」，因此若是60℃就要加熱2小時9分鐘，若是65℃就要熱加12分鐘，若是68℃就要加熱3分鐘，若是70℃就要加熱1分鐘，若是75℃就要加熱5秒……以此類推，若溫度越低則需要的加熱時間越長，溫度越高所需的加熱時間越短。

但不管標準如何，利用牛肉塊肉做成的料理如土佐燒或者半生熟牛排等經常以低於基準值的溫度烹調。這是由於大家有在適切的衛生管理下，只要加熱表面就夠安全的共同認知之故。

再附加一下，在美國還有制訂「絞肉和香腸為68℃」、「肚中有填料的烤雞及其他由生食和調理過食材組合而成的食品為74℃」等詳細的加熱基準。

至於可流通的食用肉品部分，在美國禁止販賣透過狩獵所捕獲的野生動物肉品（僅能販售飼育的肉品），而在狩獵文化較先進的歐盟，包括野味在內的所有野生禽肉獸肉都是可流通的肉品。反觀日本在二〇一四年秋天才首次針對野生禽肉獸肉的利用整理出指南，顯示對肉的處理方針尚未成熟。

溫度計——附牛肉顏色量表

實際上用肉的溫度為基準的「一分熟」、「五分熟」在全世界有著複數標準。一般而言，50 ℃為一分熟（Rare），55 ℃為三分熟（Medium-rare），60 ℃是五分熟（Medium），70 ℃是全熟（Well-done）……然美國農業部（USDA）的標準中，60 ℃為一分熟（Rare），65 ℃為三分熟（Medium-rare），70 ℃是五分熟（Medium），和一般說法大約差了10 ℃。首先要從掌握符合自己喜好的基準開始。

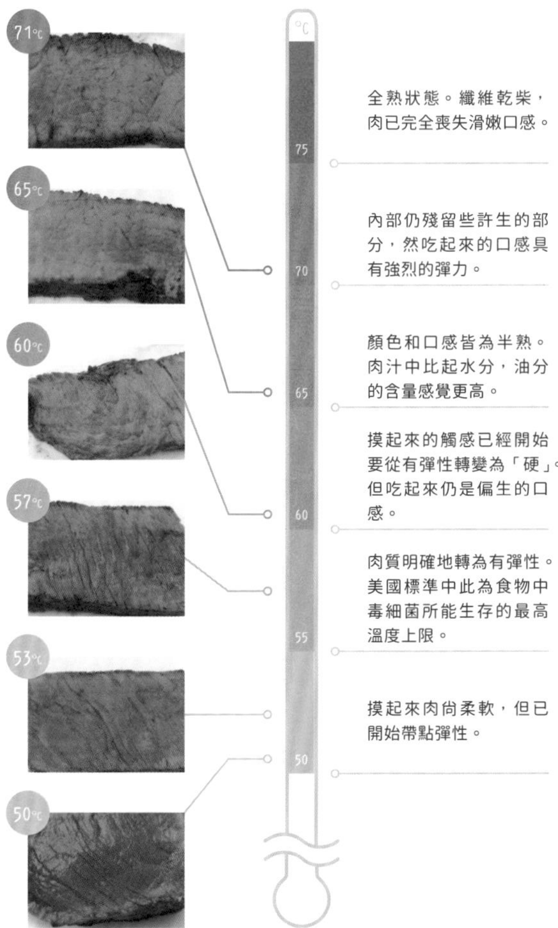

左側為附有照片的牛肉溫度顏色量表。希望大家能多加參考利用。

炸牛排

／一定要半生熟！／

麵衣要薄，雖是炸的卻不膩口。一口咬下酥脆的外皮，裡面卻是肉汁橫流！

POINT!!

壹

用餘熱加熱。用高溫炸兩次！

炸牛排因為有麵衣包裹，裡面的肉所受到的火力較溫和。要果決地用高溫油炸，並用兩次短時間的油炸來一拼高下。

貳

用較細的麵包粉降低熱量

使用較細的麵包粉可以降低麵衣三成以上的油量。新鮮麵包粉或者較粗的麵包粉可以先裝袋冷凍後搓揉整個袋子將麵包粉揉細。

参

理想的厚度是2㎝

若使用比這個更薄的肉，每次下鍋炸的時間都要再縮短數秒鐘。若使用更厚的肉時，不要增加下鍋油炸的時間，而是增加下鍋的次數。一定要嚴格執行3分鐘的間隔時間。

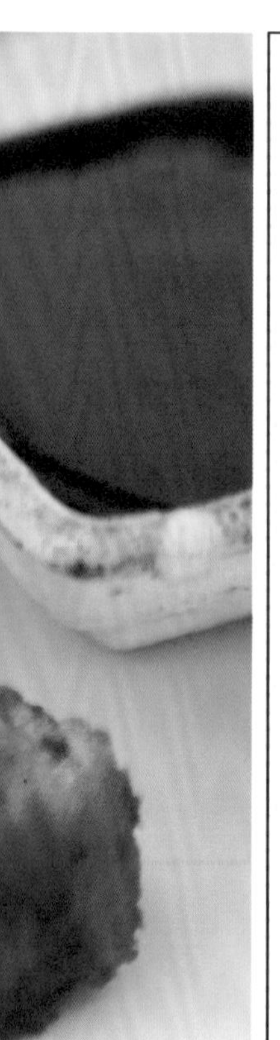

■材料〔1人份〕

牛排 200g

※後腿肉、菲力、牛臀肉等油脂較少的部位

鹽 ½小匙

胡椒 適量

麵粉 1大匙

蛋 ½顆

麵包粉 1～2大匙

沙拉油 適量

（依照個人喜好添加）醬油、山葵、調味醬、和芥末、柚子胡椒等

■做法

1. 將牛肉切成2㎝厚。混合胡椒、

鹽、麵粉製成調味粉，將蛋打到滑順均勻。

Ⅱ 肉沾上薄薄一層調味粉，再裹上蛋液，最後均勻裹上麵包粉。

Ⅲ 在鍋中倒入可蓋過全體肉片的沙拉油，再以中火熱油。將油加熱至約200〜210℃的高溫。

Ⅳ 將Ⅱ放入油鍋中，30秒後撈至瀝油盤上休息3分鐘，上述步驟總共做2次。炸好後切成方便入口的大小後盛盤。依據個人喜好搭配醬油、山葵、調味醬、和芥末、柚子胡椒等調味料食用。

Foodstuff

BEEF

003

／男子漢的肉！／

整塊烤牛肉

只要搞定這道，百分百可聽到眾人歡聲雷動！

POINT!!

壹

瞄準內部溫度60℃！

加熱表面，以熱量一點一滴慢慢地朝內部對流的感覺去加熱。

貳

慢慢上焦色

不要立刻把表面煎到焦。要一層一層慢慢地加深肉的褐色。

參

肉呈現飽滿有彈力的狀態即大功告成

等到表面帶有焦色，內部的肉汁充沛飽滿即是完成的狀態。

■材料〔5～8人份〕

整塊和牛　800g～1.2kg

※牛臀肉、牛臀蓋等適合燒烤的部位

鹽　1大匙

橄欖油　2大匙

（依照個人喜好添加）胡椒、柚子胡椒、醬油、山葵、檸檬鹽等　適量

■做法

I 將牛肉恢復常溫，並用鹽搓揉整塊牛肉。

II 用大火熱鍋後倒入橄欖油。放下肉塊去煎，一面煎5～6秒，待肉塊四周全都煎過後即停火。

III 將烤網架在II的平底鍋上製造出

「溫暖的地方」，然後將肉直接置於烤網上避免直接接觸熱源平底鍋。再蓋上調理碗等器具，讓肉休息約5分鐘。

Ⅳ 重複步驟ⅡⅢ。雖然會因肉塊的形狀和大小而有所不同，基本上恢復常溫的肉要重複6～7次這組步驟。不過，最終還是要用目視確認到「肉呈飽滿狀態」來判斷已經烤好。烤好後除了可以切成薄片外，也可以切成條狀充分享受很肉的口感。

Verification

嘗試了其他加熱法的結果

實驗：整塊烤牛肉的其他加熱法

其他做法 ①

用烤箱慢慢烤數十分鐘。

傳統的烤牛肉手法。鋪上香味蔬菜再放上肉，用超過200 ℃的烤箱烤約30分鐘。自烤箱取出後用鋁箔紙包起來保溫約30分鐘。

⇩

熱傳導到內部需要時間，因此可製造出外側的全熟到中央的一分熟的漸層口感。

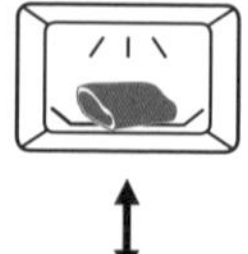

其他做法 ②

反覆進出烤箱二十幾次。

因米其林三星餐廳採用而一舉成名的「3小時烤法」。用超過200 ℃的烤箱烤約1分鐘後讓肉休息數分鐘，重複上述步驟二十幾次＝花費2小時半以上烤成。

⇩

雖然非常耗時費工，但較不容易失敗，若熟練之後甚至可以微調熟度。受到一分熟、三分熟愛好者的壓倒性支持。

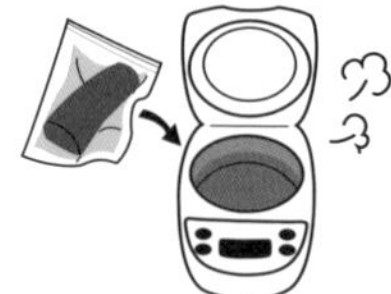

其他做法 ③

用電子鍋的保溫模式去烹調。

電子鍋的保溫模式的溫度為60 ℃～70 ℃。將表面煎出焦色的肉和橄欖油裝入烹調用密封袋後壓出空氣，放入裝有70 ℃熱水的電子鍋中加熱約1個多小時。

⇩

雖然可以做出絕妙的一分熟～三分熟，但香氣和滋味都稍嫌薄弱。此外溫度也無法微調。

整塊肉×慢速加熱可使肉的鮮美倍增

一般而言，講到「鮮味」，最廣為人知的成分有麩胺酸和肌苷酸。麩胺酸為昆布等食材中所含有的鮮味成分，而麩胺酸正是味精的鮮味來源。肌苷酸為柴魚片所含的鮮味，和麩胺酸搭配後可使鮮味加乘（詳細見145頁）。除此之外，可讓人嚐到鮮味的成分還包括菇類的鳥苷酸及貝類所含的琥珀酸。

而近年來有幾種成分雖然不是鮮味成分，但卻因為可增強鮮味加深味道層次而受到矚目。牛肉中所富含的胜肽和膠原蛋白等皆屬於這類成分。

以千葉大學的研究人員為主進行的實驗當中，用低溫加熱將加熱時間拉長時，報告指出牛肉中的胜肽有增加的趨勢。實驗內容採將牛肉密封於真空包裝中用40、60、80℃分別加熱10分鐘、1小時、3小時、6小時的形式進行。

結果，以60℃加熱6小時的牛肉所產生的胜肽含量最多。而被認為是「鮮味本身」的游離胺基酸的生成量則是以40℃加熱6小時的組別最多。

東京家政學院大學的研究團隊針對上述的實驗結果做了進一步的延伸。研究團隊將牛腿塊肉1kg用2種烤箱加熱，一組用電熱烤箱「以120℃加熱20分鐘後用60℃保溫300分鐘」（A），另一組用對流式烤箱「以200℃加熱5分鐘，再用150℃加熱45分鐘」（B）。

簡言之，A組就是近年來逐漸成為烤大塊肉基本手法的低溫長時間加熱。B就是接近以往傳統烤牛肉的烤法。無論哪一種做法，皆是以加熱結束時肉的中心溫度呈60℃為目標去調整出的加熱條件。不過以40人為對象針對A和B進行感官實驗時兩者的結果高下立判。

感官實驗分成四大類，每一類都有3項標準「外觀」（濕潤度、好感度、柔軟度）、「香氣」（刺激食慾與否、生腥味、油膩味）、「味道」（美味度、好感度、甘甜度）、「口感」（滑嫩度、多汁度、柔軟度）進行評比。

而以上絕大多數的項目都是A的低溫長時間加熱法較占上風。其中「味道」這一類差了2～3倍，而「口感」甚至差到高達100倍以上（！）之譜。

A組中，當之無愧的「美味」代名詞——胺基酸的量較B增加。特別是絲胺酸、纈胺酸、麩胺酸等掌控鮮味的胺基酸含量約是B的2～3倍。α-胺基酸的量為生肉的1.3倍，和B相較之下更是增加到了1.7倍。

相較之下，B組的胺基酸增加的量就比較少，或者幾乎是持平，甚至還有像絲胺酸等成分一樣反而減少的。

不同形狀的肉的溫度上升曲線也不同。切成薄片的肉可像涮涮鍋一樣一瞬間就煮熟，但整塊肉在加熱時需要花費一定的時間去逐漸提升溫度。若加熱時從低溫開始花時間慢慢提升肉的溫度，則通過鮮味增幅溫度帶的時間也會隨之增加。這也代表最後品嘗到的鮮味也會增加。

周末自己當主人要招待客人時，既然都要請客，總希望能拿出更好吃的料理讓賓客盡興而歸。大塊肉不僅分量豪邁外觀氣派，就算失手也可以救得回來。肉類料理的致命傷莫過於加熱過頭，然整塊肉需要長時間加熱，因此可將風險降至最低。萬一不夠熟時，只要再加熱就可以補救。

不管到了哪裡，掌廚的人對無法完美執行出自己心目中的料理時的反應都是一樣的。自己越是努力去烹調，看到成果時越有想碎念「可惡，烤得還差一點！」的衝動，這種心情當然不是不能理解，但抱怨前請想一想聽的人的心情，這時最好咬緊牙關忍住不要說太多藉口。

自家的廚房不是餐廳，肩膀放輕鬆也ＯＫ的。

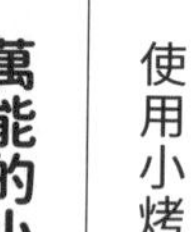

＼美麗的粉紅色！／

簡易烤豬排

使用小烤箱超容易上手！

壹 萬能的小烤箱

運用小烤箱溫控器的自動溫度調節功能。若表面快被烤焦可覆蓋上鋁箔紙。

貳 利用蔬菜的水分呈半蒸烤狀態

下面鋪上含水量高的蔬菜，目的是讓肉整體的加熱更均勻。同時也可防止烤焦。

参 停止加熱後放熱

烤箱關掉時才是讓肉變好吃的時間。只要加熱表面，慢慢地內部自然也會變溫。

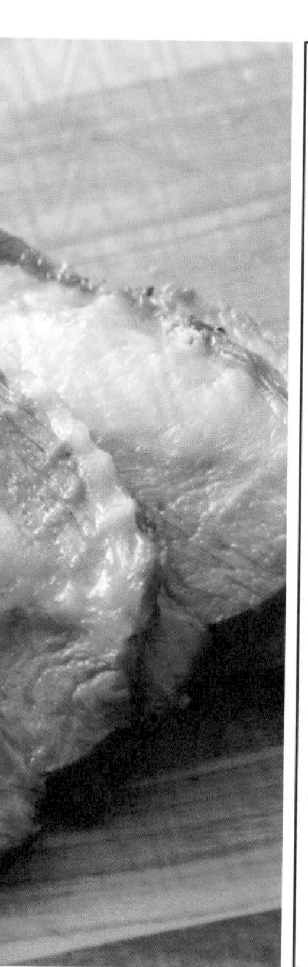

■**材料〔2～3人份〕**

梅花豬肉塊 400g

鹽 1小匙

胡椒 適量

洋蔥 半顆

■**做法**

Ⅰ 豬肉塊恢復到常溫後用鹽和胡椒去搓揉。洋蔥切薄片備用。

Ⅱ 用鋁箔紙做出盛接用的底盤。鋪滿洋蔥後放上豬肉。

Ⅲ 將Ⅱ放入小烤箱烤15分鐘，時間到了之後不要打開烤箱讓肉在烤箱內休息15分鐘。接著將豬肉翻面，再去烤

15分鐘，烤好後讓肉在烤箱內休息30分鐘。

MEMO 烤的時間以400g肉重複2次「烤15分＋休息15分」的步驟（最後一次的休息時間為30分鐘）為基準。肉的重量每增加100g，烤的時間就往上加5分鐘。例如600g則要重複2次「烤15分＋休息15分」＋「烤10分＋休息30分」。

menu 005

＼平底鍋煎即可！／

厚切豬排

只要和小火相親相愛，用平底鍋也可煎出玫瑰般的夢幻粉紅！

小火！小火！小火！

厚切肉×鐵板加熱的基礎常識就是要「用溫的」。首先就從捨棄「高溫煎烤」的觀念開始吧。

預熱時煎出油脂

一邊煎出油脂，一邊用平底鍋整體的熱氣去溫和地加熱瘦肉部分，這是要做出完美成品的第一步。

目視判斷熟度！

平底鍋的優點就是可以用目視判斷熟度。要仔細觀察側面顏色的變化及彈力後判斷起鍋時機。

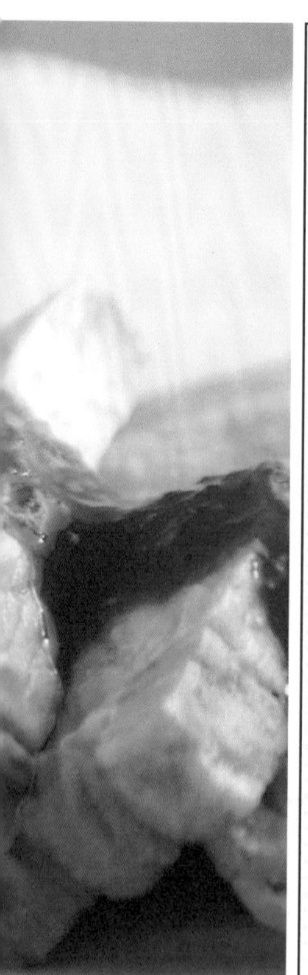

■材料〔兩人份〕

梅花豬肉（約3㎝厚）1片
（300g～350g）
橄欖油 1大匙
〈醬汁〉
中濃醬、番茄醬、白酒、洋蔥（泥）
各1大匙
水 2大匙
砂糖 1小匙
大蒜（泥）¼小匙
胡椒 適量

■做法

1 用小火加熱平底鍋後倒入橄欖油，將豬肉立起來使肥的部分朝下放置[01]。保持肥的部分和平底鍋接觸時會冒小泡泡程度的火力去煎7～10分鐘。

01 由於日本在賣肩胛肉時不會切掉在豬皮下的脂肪，因此買到的肉會一邊帶有一條肥厚的脂肪層。台灣賣梅花肉〔上肩胛肉〕時大多都已切除此部位。

II 將醬汁的材料全部加入另一個小鍋，用小火加熱煮到醬汁變得濃稠（NITSUME）為止。豬肉打橫平放於平底鍋中，先煎一面8～9分鐘，翻面後再煎6～7分鐘。

III 當瘦肉部分的橫切面開始變色後（側面中央處僅殘留水平的一條粉紅色），確認肉的彈性。再度將肉立起使肥的部分朝下煎3分鐘。盛盤後淋上II的醬汁。

MEMO 煎的時間的標準為最初的脂肪層7～10分，之後依照「厚度（cm）÷2×10」計算出煎豬肉兩面總共所需的時間長短，最後再將豬肉立起煎3分鐘。這次算出的時間為「3cm÷2×10＝15（分）」，但最終還是必須要靠目視肉的狀態和彈性來判斷。

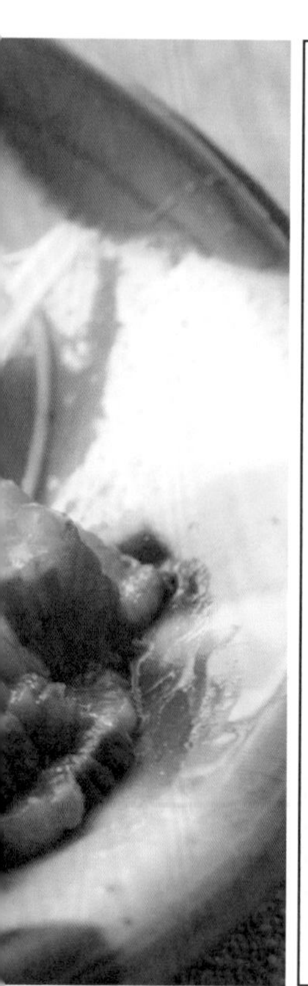

Foodstuff

PORK

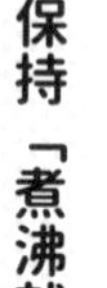

menu 006

＼油花入口即化！／
超簡單叉燒

需要的是不開蓋耐心等待的勇氣。

POINT!!

壹

保持「煮沸就輸了」的氣魄

在加熱尚未調味的肉時要非常慎重。要記住若熱水沸騰了肉就會縮掉！

貳

無論如何都不要開蓋

等待中途會很想要開蓋檢查狀態，但一定要忍到放涼為止。只要有掀開了一瞬間，就要用中火再加熱約30秒。

參

選擇油花少的五花肉或者梅花肉

因為不會煮滾，若使用五花肉則要選油少的，成品的滋味才會剛剛好。和梅花肉的油脂差不多的含量正好適中。

■材料〔2～3人份〕

五花肉塊 300g
長蔥 適量
生薑（泥）1小匙
醬油 ½杯
酒 ½杯

■做法

I 鍋中加入約肉的重量8～10倍的熱水煮沸，再放入恢復成常溫的豬肉。放下肉後立刻蓋上鍋蓋並關火，整鍋放置一段時間，使溫度自然冷卻到常溫。長蔥切成細絲做成白髮蔥備用。

II 混合醬油、酒、生薑後加熱煮至

酒精揮發，完成調味醬。將調味醬和Ⅰ的豬肉一起放入烹調用密封袋中，盡量擠去空氣後封好袋口。

Ⅲ 約浸泡30分鐘入味後切成5㎜厚的叉燒片再放上白髮蔥。

MEMO 若是用梅花肉或里肌等直徑較粗的肉塊，在關火15分鐘後可再用中小火加熱約3分鐘。時間要根據室溫狀態及其他的條件去微調。

Verification

嘗試了其他加熱法的結果

實驗：叉燒的其他加熱法

其他做法 ①

小火慢慢燉煮。

肉先用平底鍋煎出焦色，再加入有醬油、味醂、砂糖、蔥、生薑的煮汁，用小火慢慢燉煮約2小時。

↓

此法做出的肉汁和肉的滋味較淡，但可將瘦肉煮至軟爛易嚼。放涼後會比較好切。

其他做法 ②

用微波爐去加熱調味。

將醬油、酒、砂糖、生薑和肉一起放入耐熱容器後封上保鮮膜後用微波爐加熱。

↓

容易受熱不均勻且難以調整硬度。若忘記包保鮮膜，湯汁會在微波爐裡四濺很難清理，因此要特別小心。

其他做法 ③

先調味後再放入烤箱烤。

將用醬油、味醂、生薑等醃過的肉放入約200 °C的烤箱中烤約30分鐘。關掉烤箱後繼續用餘熱加熱。

↓

直接置於烤盤上會受熱不均勻，因此要在烤盤上架烤網等器具讓肉浮起。必須要配合所用烤箱的特性去調整溫度和時間。

粉紅色的豬肉到底有沒有問題？

「豬肉一定要煮到全熟！」凡是料理經歷很長的人，想必都是從小被這樣教育長大的吧。事實上，一直以來，豬肉都被認為可能染上和人類關係密切的疾病，若不充分煮熟則可能有食物中毒的危險。也正因如此，說實話，比起平常做給自己吃的版本，前面所介紹的豬肉料理食譜的做法比較貼近保險的安全牌。

近十年來日本的食用肉類調理法經歷了劇烈的進化。其中最重大的進化大概便是關於食用肉品的加熱這塊吧。現在就算餐廳提供內部呈粉紅色的炸豬排或者嫩煎豬排，也變得很少（但不是零）看到像昭和年代時向店家抱怨「這肉怎麼是粉紅色的？」的客人了。特別是最近直接公言提供「玫瑰色」——也就是粉紅色的肉類給客人的店家也增加了。

我自己以及身邊的友人當中喜歡吃粉紅色豬肉的人不在少數。而我從來沒聽過任何一個人因此而食物中毒。

二〇一一年USDA（美國農業部）降低了豬肉塊肉的加熱標準，在這之前和絞肉等一樣，設定在相當於約71℃，而新標準中，只要中心溫度達到63℃，之後再利用餘熱休息3分鐘即可。此加熱基準和牛羊等肉類相同，這也讓豬肉能以俗稱「五分熟」的溫度範圍（USDA的標準中為「Rare」（一分熟），肉色呈粉紅色的狀態提供給客人。

13～15頁時有稍微提到，這大約8℃的差異對肉的滋味來說意義非凡。如前所述，達到60幾度的溫度時，結締組織的膠原蛋白會收縮且肌纖維會吐出水分。同時，只要稍微控制溫度不慎，肉就會變硬變老，味道也會大幅改變。如果是舊標準的71℃，調理時必須要非常精準地去控制目標溫度，而且本來用此溫度帶調理出的肉就已經幾乎算全熟了。

自15頁的照片可以清楚看到，食用肉品的肉質從60℃到70℃的範圍內會急速變性。在這個溫度範圍，肉的顏色會從粉紅色明顯地變成灰褐色。而凡本書的讀者一定可以想像得到，在這種情況下咬勁的變化。

在花費同樣時間去調理時，若目標溫度是63℃，就可以讓溫度緩緩通過在這之前的40～60℃的溫度帶。利用長時間慢慢通過產生胺基酸和胜肽的溫度帶的操作，可使鮮味更容易增加。

而同樣使肉塊的內部溫度上升到63℃時，用45分鐘完成時和花2個小時半去完成的味道事實上吃起來就是不一樣。在名為感官實驗實則為酒聚時出的肉，也是花費長時間烤成的肉壓倒性地較受歡迎（雖然可能也有引頸企盼已久的因素啦）。

回到正題，二〇一一年美國將豬肉加熱標準降低至63℃時，美國中西部的大報社「芝加哥論壇報」特地針對這個議題訪問了七個（！）當地餐廳的主廚。這也代表了降低加熱標準溫度是一件多麼劃時代的大事件。

所有受訪者皆異口同聲表達了對此的歡迎之意：「太棒了！」、「年輕的主廚應該不理解為什麼之前只有豬肉和其他肉類標準不同吧」、「反正在一九五〇年代以後就沒聽過旋毛蟲感染症啦！」。

原本當肉類是整塊肉塊時，基本上會造成食物中毒的細菌都在肉的表面。萬一真的有感染了旋毛蟲的豬隻，美國聯邦政府也明言只要以相當於61℃一分鐘去加熱就足以確保安全。因此專業廚師們歡迎廢除「不合理的規範」的反應也是理所當然的。

行政機關為國民的安全做擔保不僅正確也是必需的。實際上，不僅只針對豬肉，USDA對流通的食用肉品的安全規範制定上態度一向保守。在美國，針對野味的流通規定是「不得販售非飼育的野生鳥獸的食用肉品」，而經人工飼育的野味也必須接受美國農業部商品安全檢查局（FSIS）的自主檢查。原本應當是「野生鳥獸」的野味卻是「受到管理的野生鳥獸」，聽起來很可笑，但也說明了美國的標準有多嚴格。

而這個以保守態度出名的USDA現在竟然降低了豬肉的加熱溫度。在報告裡也載明「生的豬肉、肉排、烤整塊肉、帶骨肉凡加熱至145℉（63℃）後放置3分鐘，便可期完成微生物學標準中安全的最高品質產品」、「肉的外觀不可做為判斷安全性及危險性的可信賴指標」、「所有的紅肉就算內部已達到安全溫度值，看起來仍可能呈粉紅色」。

標準更新後，英國知名的衛報則報導：「（美國的）公共衛生當局一直以來皆誇大了寄生蟲的威脅以及防止寄生蟲所必要的調理溫度。」明明是他國事務，卻彷彿是在批判自己政府當局一樣，可見標準改定帶來了相當大的震驚。

反觀日本又是如何呢。每當有什麼食材引起食物中毒，政府就會立刻要求餐飲業者自肅不要提供該項食材。特別是肉類和貝類，據說無論是多小心處理的店，政府單位都會多次前往「督導」。每次一有食物中毒的騷動，就可到處聽到居酒屋和串烤店等店家抱怨「最近保健所很緊迫盯人……」。

我們當然希望針對食物中毒可能導致重症的兒童老人以及其他免疫力低下的人的風險可以被壓抑到最低限度，這也是絕對必要的。行政機關本來就有要保護國民或市民的生活的職責。

然而在加強控管時，若可以像現在一樣實施多次要求店家進行自肅管理這種規則以外的彈性措施，難道就不能根據最新的標準研究結果去重新檢討修訂標準嗎？知識會不斷累積，而有些規定也應該依據知識去放寬才是。美國現在已清楚列出63℃ 3分鐘是「安全的」。而原本63℃ 30分鐘的標準其實是針對「食用肉類製品」，亦即是像火腿或香腸等肉類加工產品的製造標準。

以前，我曾在網路新聞的網站上稍微提到「加熱後呈粉紅色的豬肉」，當時收到了非常多網友的迴響。有「沒錯！照理來說只要管理得當是沒有問題的」和我站同一陣線的留言，也有很多「心裡還是會有點抗拒……」、「可是從以前就一直被講說要一定要烤熟……」等沒有明確理由的消極聲音。

國內正式開始發展肉食的時期為幕末期到明治左右。或許肉食文化事實上還未在日本這個國家生根茁壯吧。

menu 007

＼肉汁四濺！／
烤雞

只要一台對流式烤箱就可讓在家吃肉的生活更加充實！

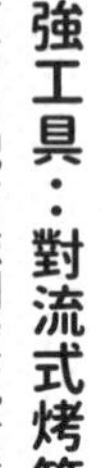

壹 最強工具：對流式烤箱

在烤箱內配有強制空氣對流的風扇，可更容易均勻加熱食物全體。亦可設定數十℃起的保溫模式。

貳 雞皮抹油做出酥脆口感

雞皮和油是天作之合。只要在烤之前先均勻塗上油，就可期待完成後的酥脆口感。

参 利用保溫模式做成超多汁狀態！

保溫模式不僅能運用於調理過程中讓肉休息，就算是已經完全涼掉的雞肉，只要用數十℃的保溫模式去熱過，就可讓多汁口感徹底復活！

■材料（1人份）

帶骨雞腿 1隻
適合燒烤的蔬菜（※）適量
※蘆筍、花椰菜、香菇、小洋蔥、青椒、彩椒、高麗菜等
鹽、大蒜奶油 ½小匙
迷迭香（乾燥）1小匙
胡椒、橄欖油 適量

■做法

1 帶骨雞腿將肉側朝上，沿著雞骨入刀，將雞腿肉切開使厚度均勻。烤蔬菜的食材全部切成邊長約3公分的均一塊狀。

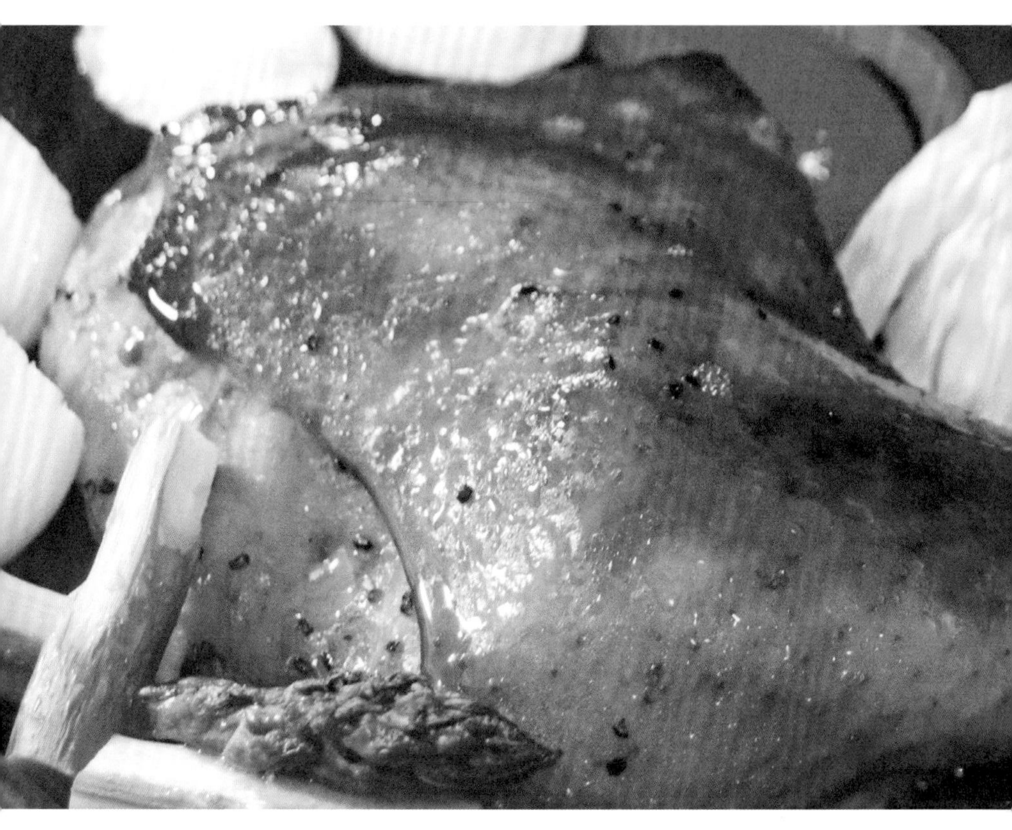

Ⅱ將鹽、大蒜奶油各½小匙、胡椒、迷迭香塗抹到雞腿肉上。於全體雞皮塗上橄欖油後放上烤盤，並使帶皮側朝上。

Ⅲ將Ⅱ放入預熱好的對流式烤箱內，用230℃加熱10分鐘後，設定80℃左右的保溫模式熱10分鐘。之後將蔬菜排列在肉的周邊，稍微灑上橄欖油和鹽後再用230℃去加熱10分鐘。

對流式烤箱的厲害之處

再也沒有什麼廚具像對流式烤箱一樣在使用前後對其印象變化之劇了。特別是若想在自家烤大塊肉，對流式烤箱可說是最棒最方便的調理器材。過去，我曾經借用過餐廳廚房的蒸氣旋風烤箱去烤肉，當時我對它穩定的火力感到十分欽佩，心想「不愧是專業用的烤箱！」但在那之後，我發現我對家用的迪朗奇[02]對流式烤箱更加感動，因為「一台不到2萬日圓，但烤出的效果竟然這麼好！」。

對流式烤箱最大的三個優點如下：

1 有保溫模式，可設定烤箱內溫度60～100℃。

2 附有風扇可使內部空氣對流，較不會有加熱不均的狀況。

3 加熱速度快，（若要烤肉）幾乎不需要預熱。

02 De'Longhi 義大利廠牌。

講極端一點，愛吃肉的人光衝著第1點的功能就有足夠的購買動機了。就連已經冷掉的肉，只要把它放到保溫模式下去加熱就可恢復驚人的柔嫩。就算是從生肉開始調理，也可以用低溫加熱，讓肉的調理手法的選擇更寬廣。

對流式烤箱的「對流」指的就是「熱和空氣的對流」。家庭用的平價對流式烤箱的大小就和小烤箱差不多。

用小烤箱去烤大塊肉時，因為靠電熱管太近，會出現烤焦的部分。而同時肉的內部卻是生生的。

但若是用風扇強制使內部熱氣對流的對流式烤箱就可縮小烤箱內部各部分的溫度差，就算烤箱尺寸小也可以穩定加熱。結果就是較容易逼近目標的溫度帶並達成理想的狀態。

還有一點，家用的對流式電烤箱的溫度上升速度實在快得驚人。以前我曾實測過對流式烤箱最大的廠牌迪朗奇家的烤箱內部上升的情況，2分鐘就有95℃，3分鐘就已突破170℃，按下開關後只要3分鐘就可到達可用溫度。

若換成一樣是家用的大型烤箱，瓦斯式的要讓烤箱內部溫度達到均勻為止最少需要5分鐘，而用電的則少說都要10分鐘以上，因此對流式烤箱這「想用就用！」迅速靈活的特點可說十分吸引人。至少用來烤肉類或蔬菜時幾乎完全不需預熱。

但有一點要特別注意，轉盤式的平價對流式烤箱的溫度設定非常粗略，甚至應當說是相當不準確。最壞的情況，可能差到40～50℃之譜。

因此，為了防止操作不當，我建議大家最好去買一組可以放入烤箱內部量溫度的烤箱用溫度計。家裡已經有烤箱，特別是對流式烤箱的人，一定要了解自己所擁有的器材特性。烤箱用溫度計在日本亞馬遜上投資個一千日圓左右就可以買到。

對大多數的人來說，烤箱並不是每天都會用到的器材。正因如此，要找到可以測量自己偏差的感覺的絕對標準，並且抱著謙虛的心態去看這項標準。無論當天的成果是好是壞，只要記住標準值的變化，就可以過濾出造成哪裡不一樣的因素。若有一個量尺，就可知道自己的狀況……。

聽起來好像在講工作，但事實上就是只要在自己之外定出一個明確的基準就可以看清自己的狀態，這點無論是在工作的現場或者是周末的廚房都是一樣的。

第二章

肉類小菜及下酒菜 ／進化系！／

肉類小菜是晚餐不可或缺的要角，而肉類下酒菜則能為夜晚的小酌增色不少。肉類小菜已經號稱是安心、安定、安全的3A菜色，要讓它的美味再更上一層樓，這就需要一點訣竅了。最重要的就是要加水以及鎖水，除此之外也不要忘記其他的要素。

Foodstuff

CHICKEN

menu 008

／不同凡響的肉汁／

炸雞

「那是我人生中吃過最好吃的炸雞！」

來自（35歲・男・商社）的讚美。

POINT!!

壹

目標為加水率20%

若能補充流失的水分，可讓雞肉在咬下的瞬間雞汁四濺！目標為雞肉重量的20%！

貳

以炸兩次、三次為前提

炸雞也一樣要利用餘熱去加熱。家庭用炸鍋的量正好適合一邊讓肉休息一邊輪流炸。

參

運用鎖水能力增強彈力與光澤！

砂糖和鹽與增強鎖水能力息息相關。將雞肉泡到醃醬裡，要炸之前再次搓揉使醬汁滲透進去。

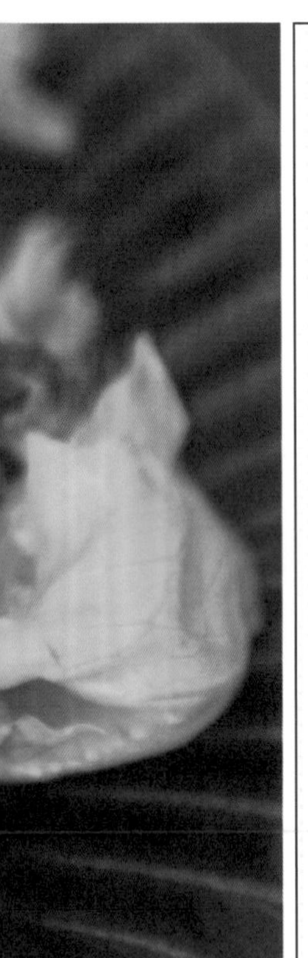

■材料（兩人份）

雞腿肉 250g

〈醃醬〉醬油 1大匙、水 2大匙、砂糖 1小匙、酒 1小匙、鹽 1撮、大蒜（泥）½小匙、生薑（泥）1小匙、胡椒 適量

太白粉 50g

沙拉油 適量

■做法

1. 大蒜和生薑磨泥後加入醬油、水、砂糖、酒、鹽、胡椒調成醃醬。雞腿肉切成一口大小，浸泡於醃醬中放置約10分鐘。在調理碗裡加入太白

粉。

Ⅱ 在開始調理前先充分搓揉雞肉使醃醬滲透進去。於鍋中倒入油，油量要蓋過雞肉，用中火加熱。等到在油鍋裡放下菜箸時會冒出大量氣泡（180℃）時，將雞肉沾取太白粉，用手握緊搓成圓球狀，再輕輕放下鍋去炸。

Ⅲ 先下鍋炸1分鐘後撈至調理盤上休息2分鐘（第一次油炸時，下鍋後30秒內不要翻動雞肉）。

Ⅳ 重複Ⅲ一次，最後炸10秒即成。

嘗試了其他加熱法的結果

實驗：炸雞的其他加熱法

其他做法 ①

放入冷的油開始炸。

將裹好麵衣的雞肉放入冷的油鍋後開中火去炸。炸到麵衣變成金黃色後起鍋。

↓

麵衣不會沾黏，可輕鬆炸出漂亮的炸雞。但要熟悉一下第二次之後放入熱油鍋的起鍋時機。

其他做法 ②

炸兩遍。

用中溫～高溫炸1分30秒→休息4分→炸40秒是某國營電視台製作的驗證綜藝節目的食譜。大多數的炸雞專門店也是用類似的食譜。

↓

在冰箱裡冰過偏大塊的雞肉可能中心會較難炸透。若是不好炸，可以先將雞肉放置恢復常溫狀態，或者可以加長第一次下鍋炸的時間等做出各種微調。

其他做法 ③

預先調味時加入鹽麴。

將本書食譜中的鹽用鹽麴代替，或者完全不放醬油而改用鹽麴。

↓

鹽麴和醬油混合後會增添一股麴的特殊風味，會讓味道稍微變重。雖然全部用鹽麴取代會較容易焦掉，但若是喜歡鹽麴獨特香氣的人，我會推薦這個做法。

美味炸雞的麵衣及加熱祕訣

數年前，我曾採訪全國有名的各大炸雞專門店，並打破砂鍋問到底地請教各店的食譜以及工序。北至北海道釧路炸雞[03]的老店，南至來自大分縣的全國知名連鎖店為止，除了名古屋的雞翅及新潟的咖哩風味炸雞腿等具有強烈當地特色的炸雞外，所有提供「一般的炸雞」的店都有一個共通點。

無論哪一家店用的麵衣都是太白粉（北海道稱「澱粉」）。其中雖然也有加入細細磨碎的米菓粉的店家，但就算是這樣，麵衣基本上仍是使用太白粉。無論是問哪一個老闆，所有人都回答因為「炸起來比較脆」。

若調入麵粉則麵衣會變得比較紮實，若確時炸去水分，就算涼了仍可保留麵衣的口感，然卻少了點酥脆。單純只用太白粉的麵衣的確咬起來酥脆又輕盈，但若肉裡面保留了大量的水分，也可能讓口感變得濕黏。

這個差異據說來自不同粉所含的不同成分所致。

03 日文原文為ザンキ，北海道當地對炸雞的稱呼。

麵粉含有數％～數十％的蛋白質，而蛋白質會產生有黏性和彈性的麩質。加了麵粉的麵衣的網狀結構由麩質構成，因此麵衣較有存在感，口感吃起來很紮實。相對地，太白粉的網狀結構很脆弱也很容易被破壞，也因此較容易做出具有酥脆口感的輕盈麵衣。

此外，麵衣亦會影響肉的受熱方式。麵衣的任務為受熱時的緩衝材，可讓溫度變化較為和緩。比較炸過後的雞肉表面，素炸的雞肉表面偏乾，但有麵衣的雞肉表面因受到麵衣保護，因此看起來多汁且有光澤，這兩者間含水量的差距一目了然。炸兩次或三次後用炸過後的餘熱去催熟時，麵衣的功能就好比是保溫調理器具。麵衣受到高溫油炸後，將熱慢慢地傳導至雞肉內部，讓肉可以充分保留名為肉汁的水分。

本書所收錄的食譜裡，揉入肉中的基本調味醬汁水分的量約為雞肉重量的20％。這個水量一般來說有可能無法全部揉入雞肉中，會讓雞肉的含水量十分接近飽和的極限，在這個狀態下太白粉可以牢牢裹住雞肉，而太白粉麵衣既可當作受熱的緩衝材，也有做為保溫材料的功能。

所採訪的全國各炸雞店還有更多相同之處，那就是下鍋後最初的30秒在麵衣確實固定下來之前絕對不會去碰雞肉。還有就是一次不可以下太多雞肉。無論哪一種專門店，都是用具有以上兩個共通點的炸法。

最後要介紹讓炸雞成品變得好吃的一招密技。炸雞專門店在麵衣固定下來後，一定會加入「翻面」的工序。所謂的「翻面」，就是用炸網將游在炸爐裡的炸雞撈起使雞肉表面接觸到空氣。據炸物專家們所說：「這道工序可讓口感變得酥脆」。在「翻面」時，炸雞可自炸油中解放接觸到空氣。在這瞬間加熱力道會變得緩和，雞肉的加熱會慢慢地進行。

專業的炸雞店會使用可以數℃為單位去調整溫度的炸爐，並在僅僅數分鐘的「油炸」作業過程中反覆進行各種微調。當然專家和自家所擁有的調理器材和技術皆大不相同。但就算如此，一定還是有不需要追求效率和獲利的「家庭料理」的優勢存在。至少只要學會如何「讓肉休息」，便可做出多汁美味的炸雞。

順道一提，要讓水的溫度上升需要（比熱更大）的龐大能量，和油比起來，每上升1℃必須要耗費掉2倍的能量。也就是說只要事先將雞肉加水增加肉的含水量，就可以達到防止溫度急遽上升的效果。

就連平易近人的炸雞，影響味道的要素都有無數個。麵衣、加水、炸法……通往美味料理的道路不僅一條。不過，食物會好吃必定其來有自。

／日系印用！／

日式坦都里雞

大家最懷念的美味咖哩風味×日式高湯滋味。

壹 **組合鎖水成分**

優格的乳清鎖水力很高。搭配鹽分及糖分等其他保水力高的調味料組合運用。

貳 **高湯再加一味就是令人懷念的美味**

「高湯＋醬油＋咖哩」象徵了咖哩烏龍麵的味道，是任誰吃了都會愛上並感到懷念的美味。

参 **利用餘熱好好加熱雞骨四周的肉**

利用小烤箱的餘熱去加熱肉，程度剛剛好。可活用小烤箱當作保溫室來加熱。

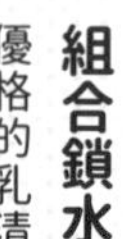
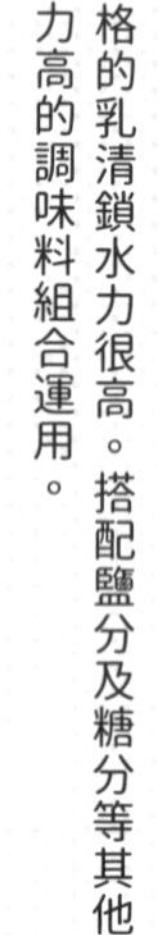
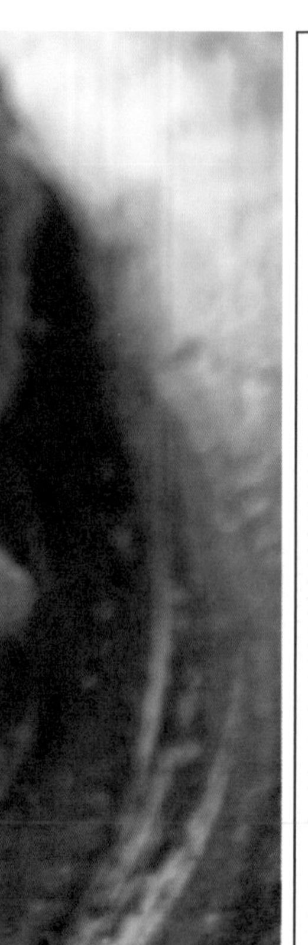

■**材料〔兩人份〕**

雞肉（小雞翅、雞腿）5隻×5盒（※小雞翅的話約350g）
優格 3大匙
麵味露（3倍濃縮）2大匙
味醂 1大匙
咖哩粉 1大匙
鹽麴（也可用醬油、魚露、柚子胡椒等）1小匙
大蒜、生薑（泥）各½～1小匙

■**做法**

1. 大蒜、生薑磨泥後和所有調味料混合。

II 加入雞肉充分搓揉後醃2小時以上。

III 將小烤箱裡的烤盤鋪上鋁箔紙。於鋁箔紙上排列雞肉，注意不要重疊。之後以烤10分鐘↓不開門休息10分鐘↓再度烤10分鐘的方式去加熱。

MEMO 帶骨肉所需的加熱時間較長。骨頭受熱後，帶有鮮味的骨髓液會自骨頭中滲出，妨礙肉溫上升。這也代表了加熱帶骨肉時肉的外側和內側的溫度容易差很多。「讓肉休息」這道手續也是要為了「使肉的外側溫度傳導至內側，防止外側過度受熱並慢慢催熟內側的肉」。

Foodstuff

CHICKEN

menu 010

／沁入心脾的家常美味！／

雞肉天婦羅

雞肉料理王國．大分縣的療癒食！

POINT!!

最強的多汁武器：麵味露

麵味露可增添水分，且含有鹽分和糖分等鎖水力高的成分，是增強鎖水力的最佳利器。

認清現實：天婦羅就用天婦羅粉炸就好

一流的料理職人稱天婦羅為「蒸料理」。首先要認清現實，採用市售的天婦羅粉去學習如何控制熟度恰到好處。

小塊肉要做出散熱通道

用大量的油去炸小塊的食材時很容易炸過頭。因此油量要少，且要保留不受熱的面。

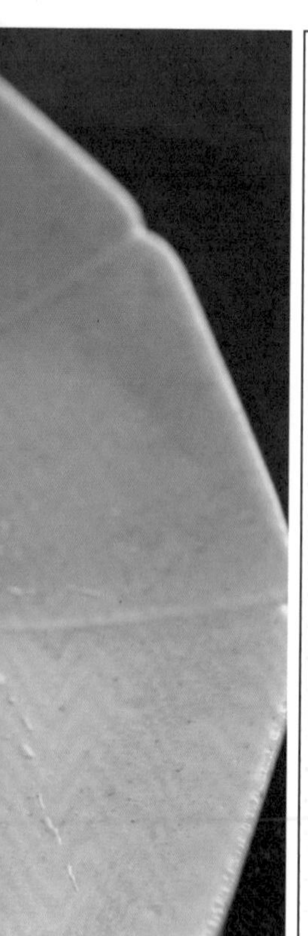

■材料〔兩人份〕

雞腿肉 250g
生薑（泥）1小匙
大蒜（泥）½小匙
麵味露（3倍濃縮）2大匙
水 1大匙
天婦羅粉 ⅓杯
冷水 60cc
沙拉油 適量

■做法

1. 雞腿肉切成寬1cm左右的拍子木片。大蒜、生薑磨泥後加入麵味露，揉入雞肉中。

II 天婦羅粉加冷水做成麵衣，並確實裹在 I 的雞肉上。

III 平底鍋中倒入約1㎝（放下天婦羅料時上半部½～⅓會露出的程度）深的沙拉油並用中火加熱去煎炸 II。炸的時間為表面2分鐘背面1分鐘。

MEMO 在發祥地的大分縣，可分為擁護「雞腿肉派」和「雞胸肉派」。但不管哪一派，調味都不喜歡下太重。炸好後當然可以什麼都不沾直接吃，有時也可看到上桌時會附上「醋醬油＋和芥末」、柚子胡椒、柑橘醋醬油等調味料，或者也可搭配當地產的柑橘「臭橙」。

＼自製就是特別好吃！／

沙拉用雞肉（鹽味雞肉）

不添加多餘的東西！

利用鹽增強鎖水力

鹽會促使蛋白質變性。為了將水分儲藏於肉中，必須要確實地將鹽水搓揉滲入雞肉當中。

切記要用小火加熱

嚴禁沸騰。一旦加熱到鍋底的氣泡開始浮起，就要加入原本水量的20％去調整溫度。

皮要朝下！

直接接觸火源的鍋底溫度較高，因此加熱時要讓雞皮朝下，利用雞皮和脂肪做為熱傳導的緩衝。

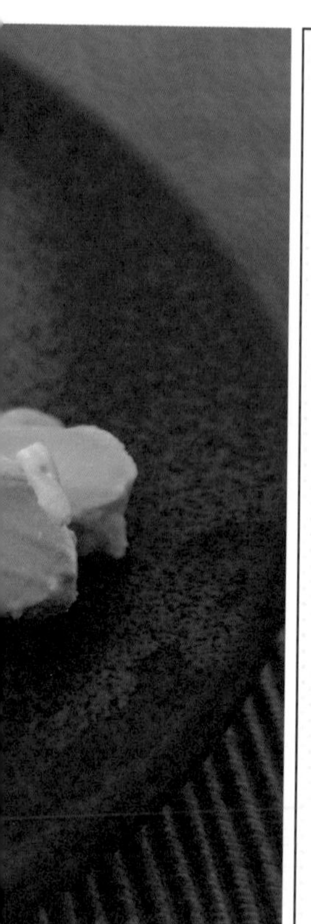

■材料〔兩人份〕

雞胸肉 1塊（300g）
水 50cc
粗鹽 1小匙

■做法

I 粗鹽加入水中調成鹽水，再充分搓揉雞肉直到雞胸肉徹底吸收鹽水為止。

II 於鍋中加入淹過整塊雞胸肉的水量。放入雞胸肉時雞皮要朝下，不蓋上鍋蓋直接開小火加熱。

III 等看到鍋底開始產生大量細小的

氣泡，就蓋上鍋蓋靜置10分鐘。之後掀起鍋蓋開小火加熱5分鐘後關火，再直接將整鍋放涼。

MEMO 調理在雞肉各部位當中脂肪含量特別低的雞胸肉的要訣就是控制溫度不可過高。但如此調理出的雞肉會如上圖右側雞肉切片一樣，在雞皮和雞肉間的脂肪容易殘留。若是害怕熱量過高可以在加熱後去皮。若在加熱前就去皮會讓直接傳導至雞肉的溫度太高，因此切記若要去皮一定要等加熱結束後。

讓肉變好吃的四個方法

除了燉肉這種需要長時間燉煮的料理以外，通往「好吃的肉」的捷徑基本上就是不要讓肉的內部溫度過高。這個原則可說是適用於肉排、燒肉、烤整塊肉、炸雞……等幾乎所有的肉。詳細內容請參考13～16頁，但最大的原因有二：一是因為組織會隨著加熱而收縮變硬，一是因組織收縮水分會流失。而要解決這兩個課題，有以下幾種方法：

1 用鎖水能力高的調味料去補充水分

將肉「加熱」到可以食用的溫度後，必然會流失一定的水分。因此在調理之前就要先幫肉「補水」。藉由事先補充之後預期會流失的水量可確保「好吃的肉」所必備的「柔軟」、「多汁」、「滑嫩」。

以炸雞為例，事先補水後再分成兩次或三次去炸，並在每次油炸間的休息時間利用餘熱加熱雞肉。如此雞肉全體可均勻受熱，讓成品變得多汁。若在雞肉裡加了具有鎖水效果的砂糖、鹽、蛋液、優格（乳清）等材料，可讓肉汁進一步增量。

又例如加鹽到肉裡可以讓肌肉纖維裡含有的蛋白質的成分形成網狀結構提升鎖水能力，進而使肉吃起來更加滑嫩。砂糖亦可和蛋白質（膠原蛋白）及水分結合使肉變軟，且具有牢牢抓住水分的性質。此外，蛋保留水分的能力也非常之高，要製作加了大量高湯的茶碗蒸等料理時，食譜裡根本不能沒有蛋的存在。

其實也不用想得太困難，只要將肉泡到調味醬裡醃個一晚就可以提升肉的鎖水力了。只要養成先用調味醬醃肉的習慣，肉自然就會變得柔嫩。

2 用醋、酒、檸檬汁醋漬去改變pH值

肉可用醋、酒、檸檬汁等醃過使其更加柔軟。此性質和表示水溶液性質的酸鹼值有關。一般情況下牛肉和豬肉的pH值為偏酸的5～5.5左右（一般而言pH值7為中性）。而肉的鎖

水力在此數值下是最低的。比這個pH值更偏酸（數字變小）或者更偏鹼（數字變大）的鎖水力都會增加。

常用於製作醋漬液的調味料的pH值如下：米醋2.7、檸檬汁2.8、葡萄酒3.1～4.0、日本酒4.2～4.7左右。也就是說，用酸性調味料調成的醋漬液先醃過再去調理可降低肉的pH值使肉質變軟。此外也是因pH值一旦降低，則可促使肉本身的蛋白質分解酵素活性化之故。

其中非常適合測試、不會影響味道、效果又很有感的首推日本酒。我在試作日式紅燒肉（角煮）時，曾嘗試在燉煮時加入燒酒、泡盛、日本酒、紅酒等不同酒類，最後成品肉質最柔軟的還是加了日本酒的版本。

雜誌《dancyu》的專題報導中也曾試著加入啤酒、紅白酒、燒酒、威士忌等各式各樣的酒做為隱藏調味，然其中肉最軟的還是加了日本酒的肉。當然肉類料理的美味不僅僅只取決於肉質柔軟這一項而已，但日本酒同時還具備「無論加入何種料理味道都不會不搭」、「效果很穩定」的優點。

整體上來說釀造酒帶有讓肉質變軟的傾向，也可讓食物的滋味更有層次感。此外，亦可以依照希望調出的口味來決定要加入哪一種酒——日本酒是溫潤的醇厚味道；紅酒有酸味＋澀味；白酒則是突出的酸味。然而，雖然這裡用「日本酒」、「紅酒」等來分類，但就算酒種相同，不同酒廠的產品所產生的效果也各自不同。同時，也不是越昂貴的酒就越好，因此一開始只要用冰箱裡有的一般酒去測試就可以了。

3 利用天然的蛋白質分解酵素

經常可以看到標題裡掛著「便宜的牛肉用洋蔥泥醃過後變得驚人地柔軟！」的食譜，這個原理是運用含有會讓肉的蛋白質變軟的酵素——蛋白酶（蛋白質分解酵素）——的蔬菜或水果入菜讓肉質變得更加柔軟。蛋白質由無數的胺基酸結合而成，而蛋白酶則具有可以切開胺基酸連接處的特質。

最具代表性的食材包括：木瓜、無花果、奇異果、西洋梨、哈密瓜等水果以及生薑、洋蔥等香味蔬菜。過去糖醋豬食譜裡的鳳梨也是其中之一。鳳梨具有分解蛋白質的功效，這也正是為何我們大量吃下生的鳳梨時嘴巴內部會感到麻麻的緣故。順帶一提，鳳梨罐頭的鳳梨因為經過加熱故蛋白酶已經被分解掉，並不具備讓肉變軟的功效。若是需要將肉變軟的效果，則必須要使用未加熱過的生的果實。

各種水果的功效已受到越來越多不同機關研究人員的檢驗。例如只要在調理整塊豬肉時加入奇異果，和未經前置處理的肉相比更容易溶出脂肪及膽固醇。鳳梨汁也可切斷蛋白質的結合鍵——亦即是具有強力軟化肉質的能力。

很少人知道舞菇其實擁有這種非常強的蛋白酶活性。只要在調理肉類前將舞菇切碎後加水裹上去就可以讓肉變得非常柔嫩。實際上，山梨學院短期大學的研究團隊也發表了「為何加了舞菇的茶碗蒸不會凝固」的論文，也針對蛋白酶活性進行了測定。舞菇及香菇、平菇[04]等菇類擁有很強的蛋白酶活性，會對蛋白質產生作用。舞菇的蛋白酶的活性化溫度依pH值不同可能落在50～70℃，這也正好是肉的蛋白質最容易變硬的溫度。

因此，既然「茶碗蒸不會凝固」，這代表著如果已經加蛋，希望用蛋的鎖水力去讓肉變軟，此時就算再加入舞菇想來個效果加倍，也會因為舞菇本身的性質而消除蛋的鎖水效果。並非只要將任何有助於肉類變軟的食材組合在一起就會得到相乘效果。

除此之外，加了麴的發酵調味料當中也含有微生物蛋白酶，但這部分先留待別章處理。

04　學名 Pleurotus ostreatus，又名蠔菇。

4 打肉、斷筋

物理性手法的「打肉」、「斷筋」簡單易明瞭，最棒的是不用擔心和其他手法相沖。原本肉會硬有很大的原因來自肉裡所含的纖維質，一旦切斷了纖維，肉自然就會變軟。利用菜刀或者斷筋器等工具切斷肉的筋，或用肉槌去敲打肉等手段去破壞弄碎肌肉纖維及筋膜後，肉質就會變軟。例如腱子肉、頸肉等較硬的部位，只要做成絞肉，就可變身成好吃的漢堡排，其背後的原理也是一樣的。

斷筋的要訣就是要確實切到反面那側將筋切斷。此外，如果家裡沒有肉槌，也可用空的酒瓶等具有一定重量的東西代替去執行打肉的功能。但要注意一點，雖然肉越拍打就會變得越大且越軟，但同時也會變得越薄，因此必須要找出最適當的拍打程度。

想達成怎樣的效果，又該使用哪種手法呢？當自己用各種組合不斷嘗試錯誤之後讓家庭肉料理變得更加美味之時，彷彿可聽到空中響起恭喜升級的凱旋小號樂音。

menu 012

／老街才有的味道／
純雞肝

連討厭雞肝的人也會上癮的東京原味。快將老街的微辣好滋味帶回自家廚房吧！

POINT!!

壹 趁油還是冷的時候就下鍋

雞肝要調理至中心也熟透，因此趁油還是冷的時候就要下鍋，逐步使全體溫度上升。

貳 回鍋炒時不要炒過頭

雞肝若加熱過頭會變得乾柴。因此炸到七分熟趁還算得上是柔軟時就要先起鍋放到盤子上。

參 長蔥用量不要省！

美味的關鍵就是大量的長蔥。將雞肝盛盤後趁熱灑上大量的長蔥，可稍微消除長蔥的辛辣味。

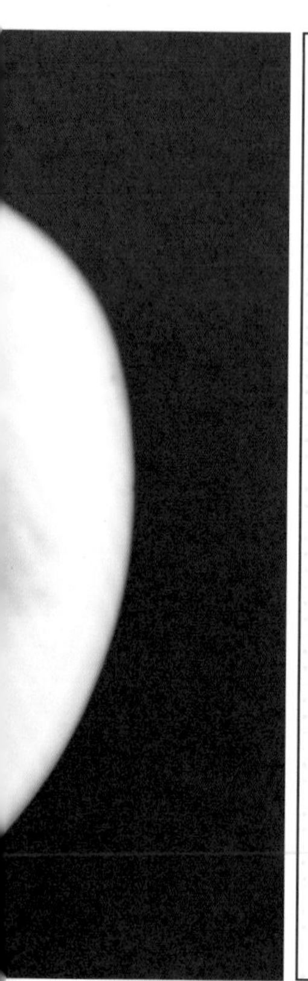

■材料〔1人份〕

雞肝200g
長蔥1根
沙拉油1小匙
辣油1大匙
麻油（最後階段用）1小匙
〈混合醬汁〉
大蒜（泥）少許
醬油1大匙
砂糖1大匙
紹興酒（若無可改用日本酒）1大匙
蠔油1小匙
醋1小匙
一味（七味）辣椒粉1小匙

■做法

1 雞肝切成5㎜寬，浸泡於流水中

約10分鐘。長蔥自一端薄切，切好後稍微在冷水裡抓一下泡開後過篩瀝乾。將混合醬汁的材料全部混合好備用。

II 雞肝放到篩網上，用廚房紙巾等擦去多餘的水分。在冷的平底鍋中倒入沙拉油和辣油後加入雞肝用大火炒。待表面快開始變色，就可以加入混合醬汁。

III 待雞肝加熱到觸感稍微變緊實，將火轉弱成中火，並將雞肝暫時起鍋放到盤子上。待鍋內的醬汁收汁收得差不多變得濃稠時，將雞肝放回鍋裡，將火轉回大火，點少許麻油後關火。最後將雞肝盛盤，再灑上大量的長蔥。

Foodstuff

PORK

menu 013

＼就是只要肉！／

黑醋豬肉

繞樑三日的肉味！

糖醋豬肉毫無疑問是肉類料理！

POINT!!

壹 蛋及醬油的多汁基本調味

事先將蛋和醬油等所含的水分一起揉入豬肉中，如此加熱後可鎖住肉組織內的水分不流失。

貳 事先試過黑醋的味道

不同品牌的醋的酸度差異甚大。事先一定要先試過黑醋醬汁的味道（※酸度雖然不一定等於吃起來的酸味，但可做為參考的基準值）。

參 日本產黑醋顏色較淺，中國產顏色較深

運用中國醬油或老酒、黑砂糖、香醋去製作黑醋醬汁，可調出富有光澤的深黑色（如左圖）。

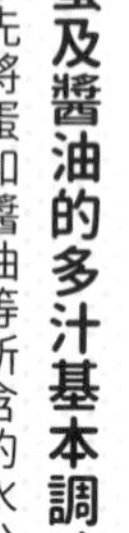

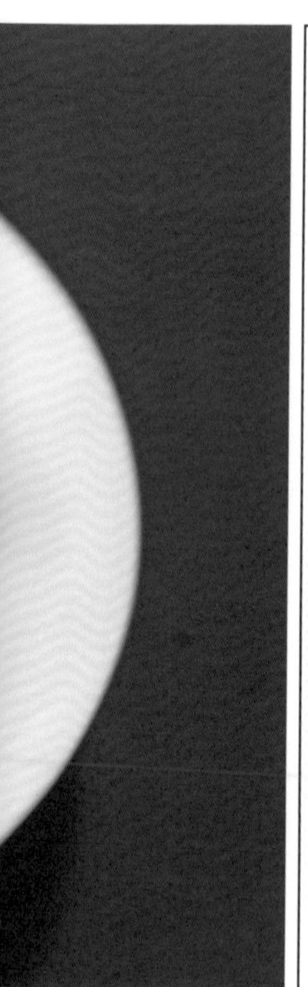

■材料（1人份）

豬肉塊（梅花肉、腰內等）200g

〈基本調味〉蛋液⅓個、醬油 2小匙、味醂 2小匙、日本酒 2小匙、太白粉 適量

〈黑醋醬汁〉醬油 1大匙、砂糖 1～2大匙、紹興酒 2大匙、黑醋 4大匙

沙拉油 適量、長蔥¼根、生薑一小塊、（依個人喜好添加）麻油 適量

■做法

1 長蔥、生薑切細絲後將長蔥泡到水裡。豬肉切成1.5㎝的厚度，浸漬於

由蛋液、醬油、味醂、日本酒混合成的基本調味底中15分鐘以上。黑醋醬汁的材料全部混合好備用。

II 油倒入炸鍋中開中火加熱。豬肉下鍋前再度將基本調味底搓揉入肉中後，裹上大量的太白粉，用190℃（將乾的菜箸放下油鍋會起氣泡的狀態）的油去炸。炸約2分鐘後撈起炸網，利用餘熱加熱豬肉。

III 將黑醋醬汁加入用氟素樹脂加工的平底鍋中，用中小火煮滾後加入休息過的豬肉，一邊炒一邊裹上黑醋醬汁。待豬肉全部都裹上醬汁後依個人喜好繞圈淋上麻油後盛盤。最後灑上白髮蔥和生薑細絲即成。

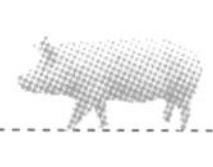

Foodstuff

PORK

menu 014

／帶焦香卻柔軟！／

醬油麴生薑燒豬肉

徹底活用野趣橫生的豬肉滋味！

POINT!!

壹

若要強調豬肉原味的話不需要基本調味！

若喜歡豬肉原味，則不需事先調味，直接煎出焦痕。先基本調味過的做法適合不太接受獸肉味道的人。

貳

裹粉可讓肉變得驚人地柔軟

肉拿去加熱之前先薄薄沾上一層粉可讓肉較不容易縮起且變得柔軟。就算煎出焦痕也不會讓肉質變硬。

参

僅靠醬油麴就可做出甘甜滋味

醬油麴帶有豐富的甘甜滋味，僅靠這一項調味料就夠了。若希望增加甜味可加入砂糖，若希望口味重一點亦可加入大蒜。

■**材料（1人份）**

豬肉（梅花肉、五花肉等帶有適量油脂的部位）180g

麵粉（太白粉亦可）適量

沙拉油 適量

〈混合調味料〉

醬油麴 1大匙

水 2大匙

生薑（泥）1小匙

■**做法**

1. 生薑洗淨後直接帶皮磨成泥，和醬油麴、水混合後做成調味料。將豬肉一片一片攤開薄薄沾上一層麵粉（太白粉）。

II 用中大火加熱氟素樹脂加工的平底鍋後加入沙拉油。待充分熱鍋後將肉攤平放入鍋中。直到肉的表面浮出肉汁為止都不要去碰豬肉，待充分煎出焦痕後再翻面。

III 翻面後煎約15秒，再加入混合調味料後關火，將豬肉和醬料大致拌過。

MEMO 若沒有醬油麴，也可改用等量的醬油為基底，看是要加入2小匙的砂糖或者用2大匙水＋1大匙味醂去調整配方。

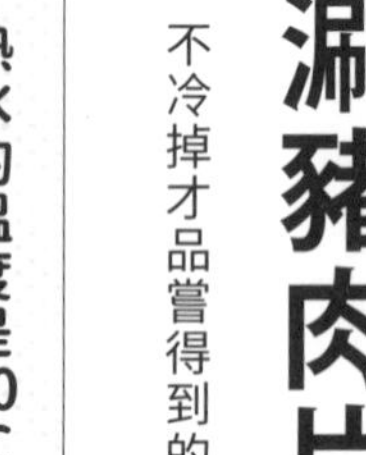

\放涼就不好吃了！／

涮豬肉片

不冷掉才品嚐得到的鮮美肉味。

熱水的溫度是70℃

肉加熱到80℃以上就會變硬。70℃的標準大約是用中小火加熱鍋底會冒出一些小氣泡的程度。

目標是活化鮮味以及清潔表面

要牢記涮涮鍋的目的是適度加熱食材去活化鮮味以及清洗已經氧化的食材切面。

不可泡冰水

冷掉的肉就不好吃了。涮過後放到碗裡是為了停止加熱。唯一可以冰的只有代替醬汁的麵味露。

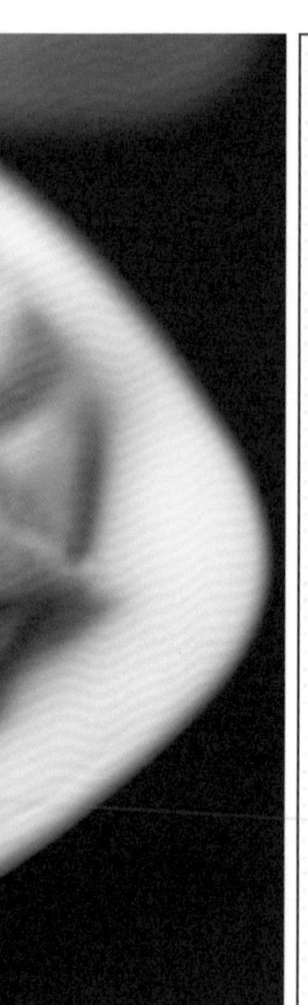

■**材料〔1～兩人份〕**

豬肉片（里肌、梅花肉等部位）1盒（約250g）

長蔥、蘘荷、山葵等自己愛的香辛料 適量

麵味露 適量

■**做法**

1. 鍋裡加水後用小火加熱。長蔥及蘘荷等香辛料可自一端切成薄片或自己想要的大小。準備好一碗30℃左右的溫水。
2. 待鍋底開始冒出小氣泡（70℃）後，將豬肉片攤開，下鍋用熱水去涮

動5~10秒，再泡到溫水碗中。

III 待溫水碗裡的豬肉溫度稍微穩定下來後撈起盛盤。搭配上喜歡的香辛料，在麵味露裡涮過後食用。

MEMO 加熱這項操作的目的之一就是「增加鮮味」。肉的鮮味可以透過各式各樣要素的加乘效果去提升，其中最重要的要素就是「油脂」。豬肉脂的融點依種類不同大約落在28~48℃之間。因此調理的目標就是要讓豬肉溫度最後會落在讓油花入口即化的溫度。冷冰冰的肉不僅放入口中的瞬間油脂不會化開，也較難直接感受到鮮美的滋味。

內臟、小塊肉、薄切——難處理的肉

好吃的肉就是要有香噴噴的焦痕且多汁柔軟——依照這樣的標準，切成薄片的肉和肝臟可說是相當棘手的對象。想做出香噴噴的焦痕，但肉片瞬間就會收縮並擠出水分和油脂——也就是肉汁，肝臟也是，只要稍微加熱過頭就會變得乾巴巴的。

如同本書前面的部分所述，在加熱肉時必須要遵守幾個原則：

1 鍋和熱水的溫度不可過高。
2 分成數次加熱。
3 加熱之前要先對肉進行耐熱處理。

話雖如此，雖然會不自覺想面面俱到，但過猶不及。明明做出美味的肉才是這些工序的最終目標，但不知不覺間，也會導致「為了鎖水而鎖水」或者「降低溫度，分成三次烤，然後前置處理再去……」等忍不住去增加非必要的繁複工序的情況。這反倒是讓「手段變成目標」本末倒置了。

五花肉和梅花肉等帶有油脂的肉片，就算稍微變硬，多汁的油花也可彌補不足。加上原本肉本身就很薄，因此也很難老到咬不動。

是否要先基本調味也很讓人煩惱。製作烤大塊肉之類的料理時，事先灑一點鹽可以讓成品和後來加的調味料在舌尖上調和得更加自然吃起來更好吃，但另一方面，若先灑鹽也會因為滲透壓的關係讓肉的水分流失。

製作豬肉生薑燒時要考慮的點就更多更複雜了。到底要選用什麼部位的肉、肉要多厚、肉要不要事先醃過、醃醬要偏甜還是偏鹹、肉要不要裹粉、若要裹粉要用麵粉還是太白粉、醬汁和副料要不要加入洋蔥、若要加洋蔥要切瓣還是切薄片……等等一開始想就沒完沒了。而更別提每個人的喜好可是千差萬別。

就算如此，只要整理一下便可接近最終的結論，舉例來說，若希望享受肉本身的滋味的話就不需要前置的基本調味，若希望吃到沾裹醬汁的肉則可以裹粉……。

如上所述，只要一邊在腦中模擬各種狀況並一一思量處理手法，你的肉食生活一定可以變得更加豐富多彩。

＼附型號及實際賣價／ 肉類七大工具

先求有個樣子，但不僅只是做個樣子

＼絕對會讓肉變好吃!!／ 肉的三種神器

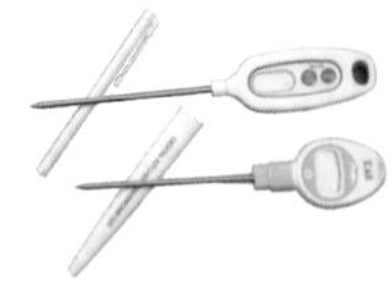

1.探針溫度計

2.磅秤

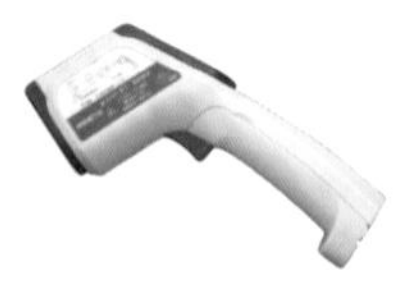

3.放射溫度計

1　用於測量大塊肉及鍋子底部熱水溫度。將探針插入測量對象後顯示溫度穩定下來所需的時間依照廠牌和型號會有所不同。我自己用的器材是DH-6158（貝印）及TT-508（TANITA）等。購入價900～1,800日圓。

2　即微量電子秤。最大可測量到2～3kg。盡量選擇最小單位為0.1g單位的機型，如此就算是要在調理碗中依序加入多種調味料時也可測到正確的量。我自己用的器材是KD-320（TANITA）。購入價2,400日圓。

3　一壓下扳機就可以在不接觸到測量對象的情況下測得表面溫度。也可用來管理熱水和油的溫度。若要測量炭火溫度則要買可以測到500℃左右的機型。我自己用的器材是放射溫度計B73010（親和測定）。購入價5,400日圓。

＼配合各種用途備齊！／ 肉工具四天王（不同用途）

4.油溫計

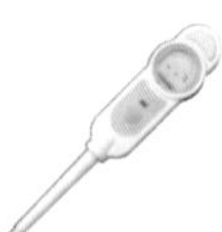

5.鹽度計

6.烤箱用溫度計

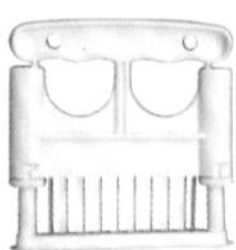

7.斷筋器

4　用以測量油溫。可固定於炸鍋的邊緣去管理溫度。我自己用的器材是料理溫度計5495B（TANITA）等。購入價1,400日圓。

5　用來測量鹽醃肉的醃醬濃度等。選擇可量到以0.1%單位的機型。自己用的器材是EB158P（EISHIN）等。購入價約6,000日圓。

6　用於希望知道烤箱設定溫度和實際溫度的差異時的溫度計測。我自己用的器材是烤箱用溫度計5493（TANITA）等。購入價約1,000日圓。

7　「便宜卻很硬……」確實切斷肉的筋後，肉的口感會變得柔軟無比。Meat softer（義春刃物）。購入價1,200日圓。

第三章

絞肉——家庭獨創的味道

／媽媽的味道！／

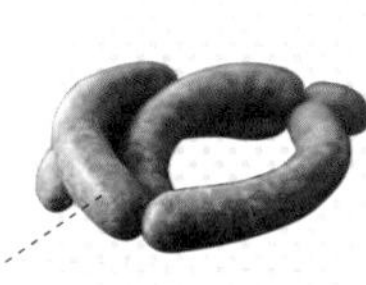

大人小孩人見人愛的絞肉料理。記憶裡熟悉的滋味曾幾何時已經成了「家的味道」。只介紹最普通的漢堡排就太無趣了，因此我嘗試收錄了外食及外帶用現成配菜的常見菜色，相信大家試過後肯定會驚為天人。

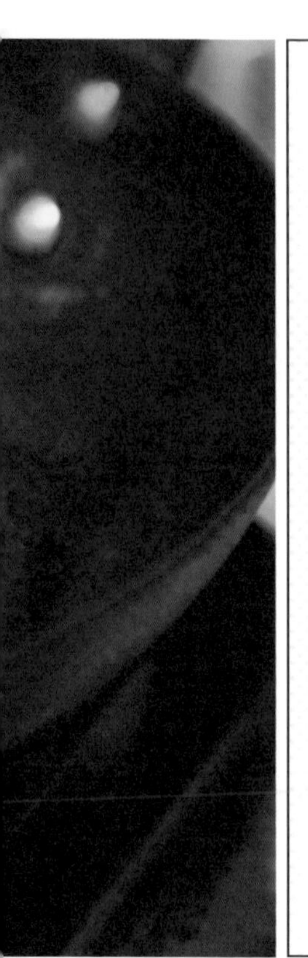

Foodstuff
BEEF & PORK
menu 016

\新招牌菜宣言!/

肉味濃厚漢堡排

沒有加蛋肉味格外濃厚!日式漢堡排的進化版。

POINT!!

壹 **手的溫度是肉的敵人!**

肉裡加入1%的鹽後,整碗放進冰箱,一邊用木勺去攪拌至絞肉整體結合成一塊,感到快攪不動木勺為止。

貳 **炒洋蔥也要確實冰過**

用奶油將洋蔥炒成金黃色炒出豐富的滋味。放入冰箱充分冷藏後備用。

參 **不用蛋做為黏著劑**

只要有徹底執行步驟壹,就不需要黏著劑。在自己家也能做出強調肉的原味的漢堡排!

■**材料〔3~4人份〕**

混合絞肉(約牛7:豬3)500g
鹽 1小匙
胡椒、肉荳蔻 適量
洋蔥(大)1顆
奶油 20g
土司(一條八片)1片
牛奶 100㎖
沙拉油 少許

■做法

1 洋蔥切碎用奶油炒過。炒到呈金黃色後就移至平盤或者調理盤上,先放涼後再放入冰箱冷藏。土司撕碎後泡至牛奶中備用。

II 加鹽到冷藏於冰箱（最好是冰溫保鮮室[05]）的肉裡，一邊冷卻整碗絞肉一邊用木勺攪拌之。一直攪拌到木勺越來越攪不動絞肉整體結合成一團，再加入胡椒、肉荳蔻及 I 繼續攪拌。最後將絞肉分別成形，做出一個個橢圓形。

III 平底鍋用中小火加熱後鋪上一層薄薄的沙拉油。將 II 的肉團中央做出凹陷後放入平底鍋，煎約4分鐘出現焦色後翻面，再把火轉小蓋上鍋蓋。兩面合計煎10分鐘左右就可起鍋。

05 溫度約 0°C，較冷藏室溫度更低。

實驗：漢堡排的其他加熱法

嘗試了其他加熱法的結果

其他做法 ①

也加蛋。

基本的做法和本書一樣，但多加了蛋，也就是日本的王道漢堡排。不過攪拌的時候用手，裝絞肉的碗也不用冰。炒洋蔥只要放涼即可。

↓

吃習慣的熟悉美味，雖然好吃但相較之下整體味道給人的印象並不突出。

其他做法 ②

僅加入炒洋蔥（不加吐司和牛奶）。

將本書的食譜去除掉吐司及牛奶。較接近歐美的漢堡排。

↓

咬下去彈牙的咬勁最令人印象深刻。很適合下酒也很適合搭配麵包食用，但如果要說配不配飯的話……。

其他做法 ③

肉用手工切碎，也不要加洋蔥。

不使用絞肉而用整塊肉切碎。牛肉可用牛腱和五花，豬肉可用肩胛肉和五花。除了肉之外只加鹽、胡椒和肉荳蔻。

↓

吃起來完全就是牛排。若切到和絞肉差不多細，一吃下去就會散開。雖然肉味十足但卻不會老柴。

為了搭配白飯食用而改良過的日式漢堡排

外國人吃了日本的漢堡排後通常會露出奇怪的表情。肉餅很軟，欠缺肉的咬勁的日式漢堡排說好聽點是日本原創，說得難聽點就是「加拉堡」，也就是加拉巴哥化[06]的漢堡排。會造成這樣的狀況，是因為日本的漢堡排為了要配飯，已經由日本人之手改良過。

關於漢堡排的起源有多種說法，一般認為一八六七年紐約的醫生James・H・Salisbury提倡「牛肉不能生食」並將切塊的牛肉重新塑型烤過食用為一開始的濫觴。當時的食譜為「將牛肉做成厚1.5～2cm的肉排，用直火慢慢花時間去烤熟，注意不要直接接觸到火焰和煙」。盛盤後除了用奶油、鹽、胡椒外，亦可用伍斯特醬或芥末、檸檬汁等去調味。

日本在一九〇四年（明治三十七年）出版的《歐美料理全書》裡收錄了「漢博排[07]・牛排」的菜單，食譜的內容記載僅有三行。簡單說來就是「生牛肉細細切碎後加入鹽、胡椒、洋蔥汁和紅蔥頭碎後調理而成」。而「肉荳蔻」這種香料亦已出現在書中。

而之後在一九一三年《西洋料理的典型研究紀錄》中所收錄的「漢堡排・牛排」食譜中

06 ガラパゴス化，Galapagosization，指孤立環境下演化出的商業機制。

07 日文原文作ハンボーグ，非現代通用的ハンバーグ。

也有著將洋蔥碎、鹽、胡椒、肉荳蔻、眾香子[08]等加入「牛腿絞肉」裡的記載，但卻找不到關於可當成黏著劑的食材記錄。加入牛奶＋麵包（粉）、蛋等黏著劑的習慣要到戰後才建立起來。和「炸雞」、「煎餃」一樣，漢堡排也是誕生於戰前，但戰後才成為平民生活中一環的美食。

現在的主流「加入蛋、麵包粉、牛奶」做法是喜歡多汁口感且最近才終於開始認真面對肉類的日本人才想得出來的巧思。

低溫的肉加入鹽後充分搓揉後可改變蛋白質的組成。組織會強烈黏著（結合）在一起，可產生富有彈力的口感。最重要的三個條件就是「新鮮的肉」、「鹽分」、「低溫」。特別是要維持「低溫」的不只是肉，凡是器具和自己的手等會接觸到肉的東西全部都必須要冰過。

但若事先不知道這個條件，就會用帶有體溫的手在溫暖的地方攪拌絞肉，將溶掉的脂肪和瘦肉混在一起的狀態誤以為是「黏性出來了」（直到幾年前為止我也是這樣以為的）。當然因為絞肉並未結合好，所以一煎就會散掉。應該就是因為這樣，所以才產生了利用蛋的蛋白質去補強黏性的想法。

除了蛋外再加入麵包粉和牛奶，就得到了「很下飯」的柔軟日式漢堡排。但原本「加蛋」對結合作用來說就是不必要的程序，加了蛋的生絞肉會變得過軟增加處理難度。近十

08 Allspice，又名多香果、全香子、牙買加胡椒。

年以來，日本的肉食文化也有了長足的進步，因此「不加蛋」肉味純正的漢堡排也不失為一個選擇。

最後我要解說漢堡排食譜裡未能完全交代清楚的部分。首先是肉，若可向肉店訂，牛要選擇頸部和牛腱等部位，豬要選肩及五花等脂肪較多的部位做成絞肉。若不方便訂購，可分別購買瘦肉較多的絞肉和脂肪較多較白的絞肉。雖然每個人都有自己喜好的牛豬比率，但基本上是牛8：豬2～牛6：豬4左右。雖然用100%的牛肉也是可以，但還是混入五花肉等帶有一定程度油脂的豬肉才可增加味道的層次。

接著開始拌絞肉。攪拌時也要確實冰鎮，盡可能先只用瘦肉＋鹽開始攪。這是由於攪拌時若混入肥肉等食材會降低結合能力，以及較高的鹽分可提升蛋白質的結合能力之故。若要加入其他材料，要先等一開始的瘦肉先結合好之後再加。一邊冰鎮一邊攪拌絞肉可感到瘦肉攪起來越來越重，有點像在做科學實驗，十分有趣。實作時為了要提升成功的機率，一開始就要充分實踐「冰鎮＋瘦肉＋鹽」的要素。

關於肉的結合會繼續於82頁肉腸的項目解說。

menu
017

／驚人的美味！／

燒賣

明明超好吃
卻很少有人會在家自己做。

POINT!!

壹

首先將肉和鹽攪拌出黏性

最後會用皮包起來因此不用想得太嚴重，只要加入鹽和醬油攪拌出一定程度的黏性增加口感即可。

貳

洋蔥和長蔥要裹粉

若忘了灑粉，不但會讓蔥流失充滿鮮味的大量水分，也會造成蔥和肉分離。

参

用偏小的火力就OK

做出像中華街等一樣蒸氣繚繞的樣子雖然有氣氛，但只要確保鍋底的熱水有滾，用小火去蒸就夠了。

■ **材料〔5～6人份〕**

燒賣皮 24片
豬絞肉 300g
鹽 1撮
醬油 1大匙
砂糖 1大匙
洋蔥（小）1顆（120～140g）
長蔥 ½根
太白粉 2大匙
生薑（泥）1～2小匙
日本酒 1小匙
胡椒 ½小匙
麻油 ½小匙

■做法

Ⅰ 洋蔥、長蔥切成邊長5㎜的碎丁，再加入太白粉拌一下全體。生薑去皮後磨泥。豬絞肉加入鹽、醬油、砂糖後用木勺攪拌到感覺很難攪得動為止。

Ⅱ 將Ⅰ全部混合後加入日本酒、胡椒、麻油後攪拌。

Ⅲ 用左手的大拇指及食指做出OK的手勢，再放上燒賣皮。放上肉餡後往下壓到手指做成的圈內，利用手指收起塑形做出圓柱狀，再將底部整平。

Ⅳ 在蒸具裡加水煮沸，沸騰後關火，於鋪了烘焙紙的中型盤子[09]上排放好燒賣後再開火，用中小火蒸10～15分鐘。

09　約20㎝。

menu 018

放入湯裡也不需要黏著劑！

純肉丸湯

不會散掉也不會變硬，只要理解絞肉的特性就可做出的超簡單美食。

基本原則：將肉和鹽做出黏性

老樣子，先在絞肉中加入高鹽分的調味料，再用木勺之類的器具充分攪拌。

將肉餡下到沸騰的地方

要看準湯裡溫度較高沸騰的地方丟下肉餡。如此一來肉的表面會瞬間凝固不會讓高湯變濁。

日式×西式×中式的萬能鐵三角

豬×蔥×生薑無論在日式西式中式料理中皆是萬能的組合。加入黑醋調成酸辣湯風味或者投入大量香料做成咖哩口味都很適合！

■**材料〔兩人份〕**

豬絞肉 250g
長蔥 2根
生薑 50g
鹽 ½小匙
醬油 ½小匙
和風或中華風高湯、法式清湯等500㎖
（依個人喜好）鹽、醬油、黑醋等適量

■**做法**

1 先將一根長蔥切成長3～4㎝的段。再將另一根長蔥切碎。生薑也是

先將一半切薄片另一半則切碎。

II 於豬絞肉中加入鹽和醬油。充分攪拌絞肉到全體變白為止，注意不要讓肉變溫，再拌入切碎的長蔥和生薑，再放入冰箱冰一下。

III 鍋裡倒入高湯（湯底）和長蔥、薑片後用中火加熱。煮滾後將捏成肉丸的肉餡下到高湯裡。將火轉成小火加熱10分鐘，最後再依個人喜好加入調味。

╲迸發的衝擊性肉汁！╲

自製鮮肉腸

不僅製作過程好玩又開心，成品的美味也十分驚人！

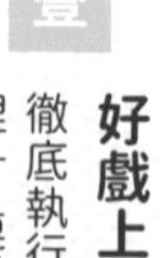

壹

好戲上場！讓肉和鹽徹底黏著在一起

徹底執行「所有的器具都要冰過」、「先加鹽到瘦肉裡」。連幫肉補水也要用冰塊！

貳

最好使用專用機器

推薦用手動筒式的灌香腸機。網購只要數千日圓就可買到。若是需要力氣的擠花袋，可以用義大利麵機之類的器具去擠。

参

請教肉店瘦肉和背脂部位等的調配

雖說用肥瘦混合的絞肉也可以，但最好還是一開始將瘦肉和肥肉分開。因為讓肉穩定結合在一起就是決定味道的關鍵。

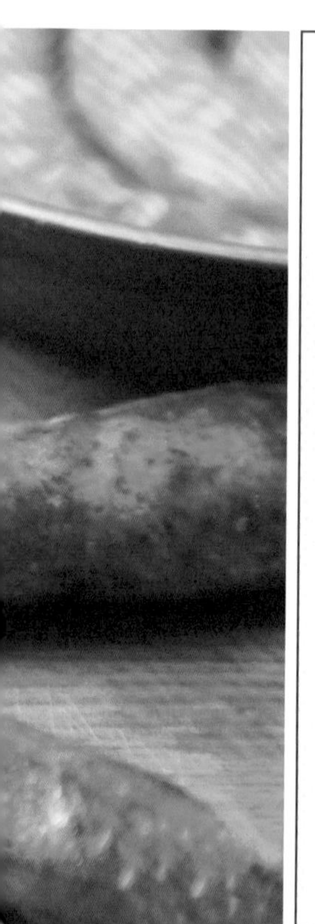

■材料（兩人份）

羊腸衣（鹽醃）1m、豬絞肉（瘦肉）300g、豬背脂50～100g、碎冰50g、粗鹽1小匙（5g）、（依個人喜好）白胡椒1g、肉荳蔻皮、馬鬱蘭（牛膝草）、肉荳蔻等香料 各0.2g（約1撮）、用來冷卻攪拌碗的冰塊 適量

※灌香腸機（或者花嘴加擠花袋）

■做法

1. 羊腸衣泡30分鐘水泡開。豬背脂剁碎備用。先於碗A裡加入豬絞肉和鹽，再將碗A放入尺寸較大加了冰塊的碗B裡，一邊冰鎮碗A一邊用木勺

充分攪拌絞肉和鹽。

II 等到絞肉產生黏性結合成一體感覺快攪不動時，加入冰塊繼續攪拌。將全體拌勻後再加入喜歡的香料和肥肉部分。攪拌到冰完全化掉後冰入冰箱。

III 將絞肉裝入灌香腸機或者擠花袋中。羊腸衣裝上花嘴後先綁好一端。若不小心擠入空氣，可用針或者牙籤戳洞。一邊用手調整粗細一邊擠入絞肉。

IV 平底鍋裡薄薄鋪上一層油用中小火慢慢煎烤。

＼利用灌香腸機／

灌香腸做法

雖然是塑膠製但功能可不馬虎，基本構造和專業器材是一樣的。不分男女老幼都可輕鬆操作，只要有了這一台，自己在家開派對或者烤肉時就可享受到和平時完全不同等級的樂趣。

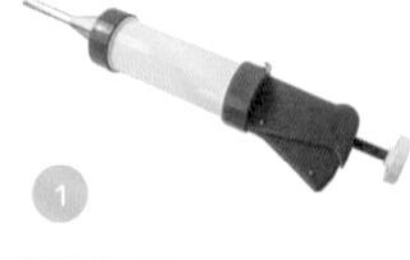

推薦使用灌香腸機。比起擠花袋好用非常多。

羊腸衣用水泡開。羊腸衣可在網路上或向特定商家購得。

以羊腸泡在水中的狀態套上出料嘴。

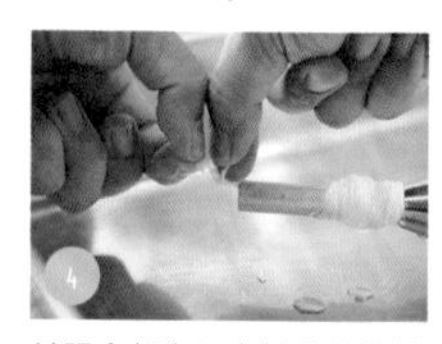

羊腸全部套入出料嘴後將前端打個死結。

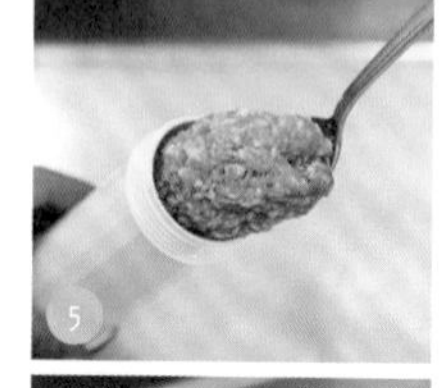

將絞肉裝入筒內，小心不要混入空氣。

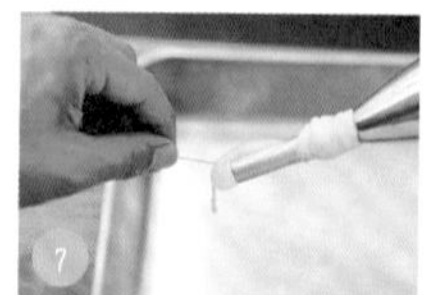

開始灌香腸。一開始的空氣就用針或者牙籤處理掉。

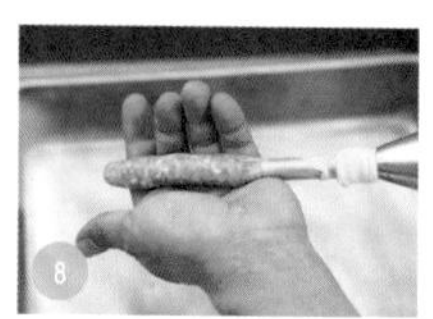

灌時用手去控制粗細。

灌完後折成一半並決定香腸的長度。

兩條香腸一起扭轉兩次。

將其中一條香腸尾穿過上方的香腸圈。

學會灌香腸你就是絞肉大師！

講得好像很了不起，但其實我自己也還在香腸製作的修練途中，離大師等級還差得遠呢。我第一次做香腸是在二〇一〇年時。在長野縣乘鞍高原有一家製作超級美味香腸及火腿的工房「施坦貝格[10]」，當時一聽說他們要開香腸製作工作坊，我二話不說立刻就和後來一起組供餐系男子的朋友一起跑去乘鞍。

但實際上做起來卻很辛苦。因為是工作坊所以不過是讓人體驗一下的程度，只要手的溫度稍微升高一點，立刻就要將手浸泡到冰水裡。當時已經是秋天，不一會手就凍到完全沒感覺了。我心想「這實在太痛苦了……」，但回到東京仔細想想，如果目的是不要讓肉變熱的話，只要不用手去揉捏就可以了。

首先將要用的食材和器具全部冰過，用木勺將瘦肉和鹽朝向碗壁壓，增加肉和鹽之間的磨擦去攪拌。等到木勺的手感越來越重，代表肉開始拌勻結合成一體。此時要加入香料再繼續攪拌。將香料拌勻時，肉的蛋白質應該已經形成了網狀結構。

10 日文原文為シュタンベルク，Starnberg 是德國的一個小鎮名。

到了這個階段，可以分批加入碎冰和豬背脂（或者肥肉較多的絞肉），想像在網狀結構中填入水分和脂肪——也就是肉汁的狀態（※這只是幫助理解的想像方式）。一邊持續冰鎮，一邊讓已經充分結合成一體的瘦肉繼續和新加入的部分拌勻結合成整塊，做成粉紅色Q彈的香腸餡。

將餡料灌入羊腸等「腸衣」當中時，很容易混入空氣。在充填肉餡到灌香腸機時雖會先將肉餡做成丸子狀或者用其他方法擠出空氣，但還是很難完全避免空氣混入。混入空氣的香腸若拿去煎則會從有空氣的地方迸裂，因此要事先用針或者牙籤等工具先戳洞放氣。

順道一提，本來煎鮮肉腸時直接利用肉腸本身的油脂去煎是最好，但在上手前可以用氟素加工過的平底鍋鋪上薄薄一層油去煎會比較好煎。

香腸製作的過程不僅好玩，做出的鮮肉腸的美味更是無與倫比。如果你還在猶豫不知道該怎麼下手，建議可以先網購鮮肉腸先嚐嚐看「正確答案」吃起來的味道！

「施坦貝格」的「圖林根香腸[11]」（鮮肉腸）可以宅配，真是絕品！

11　日文原文作チューリンガー，Thüringer Rostbratwurst，圖林根地方產的一種代表性的德國香腸。

第四章

醃肉

╱肉非肉！╱

不分東西方，肉都是貴重的營養來源，也是耐久藏的食品。歐洲的鹽醃肉文化孕育出了火腿和培根等食物，日本也在江戶時代發展出味噌醃牛肉。肉的醃漬食品不僅利於保存，也讓鮮味變得更加濃郁！

menu 020

＼在家也能做火腿？／

自製里肌火腿

一次做多一點大口盡興吃！

POINT!!

鹽分用量較少，因此幾天內就要吃完

自家製最大的優點就是可以自己控制鹽分。不加防腐劑鹽分也少因此要趕快吃完。

若有溫度計也可用70℃的油去燉煮

用油去煮可鎖住滋味不流失，做出濃郁味道的成品。最後不要忘記用熱水沖洗表面。

副產品的湯可做其他用途

煮過香腸的水會變成美味的高湯，可用來做咖哩等燉煮料理。

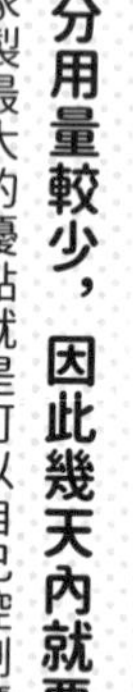

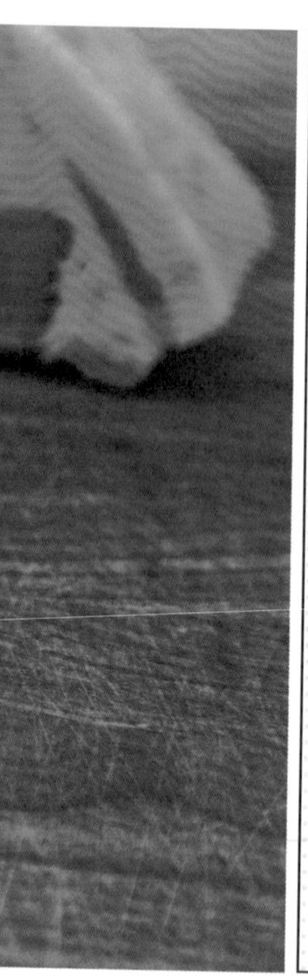

■材料〔兩人份×3天份〕

整塊豬肉（里肌）400〜600g

〈醃漬液〉水1L（亦可將10％的量替換成白酒）、粗鹽3又½大匙（50g）、洋蔥½顆、紅蘿蔔½根、西芹½支、黑胡椒（整粒）30〜40顆（亦可用白胡椒粒）、依個人喜好加入適量月桂葉、奧勒岡、丁香、大蒜等香料

〈加熱用湯〉熱水800㎖、水200㎖、鹽2小匙、雞骨高湯粉1大匙

■做法

1 蔬菜全部切薄片。將調味液的材料和蔬菜全部加入鍋中煮滾後冷卻。豬肉先用叉子或金屬串叉、竹串等工

具戳出十幾個小洞。

Ⅱ 於可密閉的容器中裝入醃漬液和豬肉。覆蓋上廚房紙巾貼合表面冰入冰箱中醃漬三天。一天將肉翻一次面。

Ⅲ 取出Ⅱ的肉，用流水充分洗淨。在裝得下整塊肉的鍋子裡裝水（800㎖）燒開後加入鹽和雞骨高湯粉。將火轉到極小，加入水（200㎖），再放入豬肉，使豬肉油脂側朝下。調整火力讓溫度保持在70℃（鍋底和鍋壁出現許多微小氣泡的狀態）。

Ⅳ 以Ⅲ的狀態加熱20分鐘後蓋上鍋蓋並關火。10分鐘後掀蓋再度用極小火加熱20分鐘，接著再度蓋上鍋蓋關火，整鍋放涼到常溫為止。

Foodstuff

BEEF

menu 021

油脂減量美味增量
自製醃牛肉

越嚼越有滋味的牛肉！

POINT!!

壹 乾淨第一。首先要消毒殺菌

和製作里肌火腿時一樣，手、調理器具和醃漬用容器都要充分洗淨後用熱水等方式消毒過。

貳 蒸過後風味更濃，熱量更低

要讓膠原蛋白膠質化必須要讓溫度達到75℃以上，因此要充分蒸過。也可以去除多餘的油脂。

参 利用食物調理機可輕鬆弄碎

加熱後的肉可以用叉子弄碎，不過用攪麵團的攪拌機比較方便。

■材料（兩人份×兩天份）

牛腱 400g

〈醃漬液〉

水 500㎖

粗鹽 2大匙

洋蔥 ¼顆

紅蘿蔔 ¼根

西芹 ¼根

黑胡椒（整粒）20顆（白胡椒粒亦可）

威士忌或白酒 2大匙

依個人喜好加入適量月桂葉、奧勒岡、丁香、大蒜等香料

■做法

Ⅰ 蔬菜全部切薄片。將調味液的材料和蔬菜全部加入鍋中煮滾後冷卻。牛腱先用叉子或金屬串叉、竹串等工具戳出十幾個小洞。

Ⅱ 於可密閉的容器中裝入醃漬液和牛腱。覆蓋上廚房紙巾貼合表面冰入冰箱中醃漬三天。一天將肉翻一次面。

Ⅲ 蒸具裡加水用中火煮沸。自醃漬液中取出牛腱用流水充分洗淨後裝入深碗或盤子裡用小火蒸2小時。

Ⅳ 蒸好的牛腱用附麵糰攪拌刀片的食物調理機或者叉子弄碎。

／日本首見！鄉民食譜／

雞肉火腿

從大型討論板的一個討論串開始發展到現在已經有無數種類。

POINT!!

壹 記住加熱條件，根據季節和手感去做調整

根據室溫和鍋具、水量不同所需火候也會改變。要好好記住氣溫、季節、加蓋與否等條件。

貳 醃漬時擠去空氣

將空氣確實擠出可讓鹽分均勻滲入。可以試試看用吸管等做法自保鮮袋中擠出空氣。

參 無限多種調味

可以用味噌代替鹽，砂糖也可以改成用蜂蜜或甜酒。如果覺得麻煩，光用鹽麴也可調出不錯的鹹度。

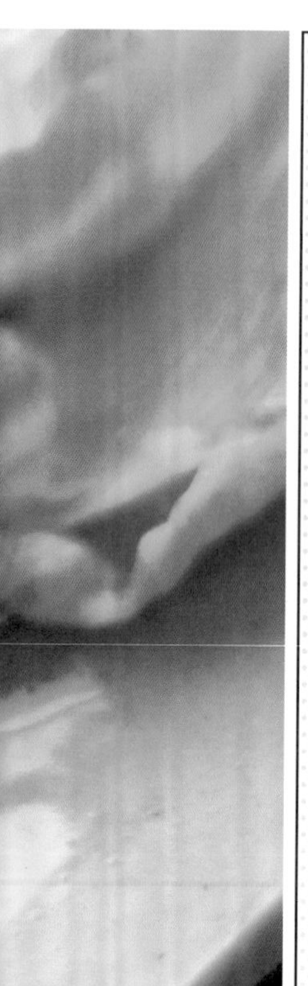

■**材料〔兩人份×兩天份〕**

雞胸肉 1塊（300g）
鹽 1小匙
砂糖 1小匙
胡椒等香料 適量（不加亦可）

■**做法**

Ⅰ 雞胸肉去皮再用菜刀切開較厚的部分使雞肉變薄。用鹽和砂糖將雞肉全部搓揉過。之後再裝入保鮮袋，盡可能將所有空氣擠出。冰入冰箱中保存1～2日。

Ⅱ 將Ⅰ的雞肉用流水充分洗淨。用廚房紙巾擦乾全體雞肉的水分，再用保

鮮膜或者鋁箔紙緊緊包住捲成圓柱狀。於鍋中加入3L以上的水煮沸後加入塑形後的肉，蓋上蓋子後關火，自然放涼成常溫。

MEMO 雞肉塑形時先將保鮮膜將全體緊緊包住，再用鋁箔紙包住捲起較容易固定形狀。若想要做出漂亮的圓柱形可以用風箏線去綁，不過「雞肉火腿」的優點就是製作方便，因此或許不要花太多工夫在這上面比較好。順便介紹一下，「雞肉火腿」會廣為世人所知的契機最初源自大型討論板「2ch」的「雞胸vs雞腿」的討論串。此食譜由為數眾多的大眾一起集思廣義所創出，因此可說是日本史上社會食譜的先驅。

一開始做就停不下來——讓人上癮的鹽醃肉品

無論東西方，鹽醃的手法做為保存食物的手段，皆廣為運用於各式各樣的食材上。在日本，包括以新卷鮭為代表的魚類「鹽漬乾物」乃至醃白菜等野菜漬物等食品。在西方，用鹽醃過的肉和魚做為日常生活的耐久食品以及戰時的攜帶糧食，一樣有很重要的地位。

就算在長久以來禁止食用肉類的日本，江戶時代的彥根藩也製作出了用牛肉加鹽乾燥而成的肉乾（※據說和牛肉乾很相似）。雖說如此，表面上肉類依然是違禁品。一直到等到江戶末期，日本的食肉文化才漸漸擴散並開始紮根，成為生活中的一部分。

肉的鹽醃法主要分成兩種：濕式以及乾式。濕醃法是將肉浸泡於鹽漬用的液體（鹽水、醃漬液）當中去醃。乾醃法則是直接將鹽塗抹於肉上。本書中所介紹的食譜中，比較費工的里肌火腿及醃牛肉是濕醃法，而較簡單的雞肉火腿則是用乾醃法，但若是要鹽醃一定份量以上的肉，採用濕醃法較不容易失敗。

乾醃法的做法是將鹽、砂糖等直接塗抹於肉上，若有塗抹不均的情況則肉容易壞掉。此外，滲透壓會讓肉當中的水分流出，水分聚積的地方鹽分濃度會降低，亦可能減低保存期間。不過，像雞肉火腿這種少量且短時間內就可用鹽醃成的食品製作起來就很簡便。一開始可以先從製作雞肉火腿開始一步步開拓快樂的鹽漬人生。

二〇〇一年，看到大型討論板「2ch」的「雞肉火腿討論串」之後的我正是最好的例子。每天晚上我都會去追討論串，一邊看別人的文章學習一邊佩服，自己下去實作，偶爾也會自己跳下去參加討論。有時加熱太久變成了普通的水煮雞肉，有時控制得太過頭完成之後中心卻還沒熟。其他還做了許多調整不同鹽量和醃漬時間的嘗試。我有一段時間沒去追討論串，前一陣子去看時沒想到討論串已經增加到Part 33（！），直到現在還有人繼續在回覆。

雞肉火腿最棒的地方就是製作方法簡單而且不挑調味料。食材是價格平實的雞胸肉，可以不用想太多輕鬆下手。若因加熱不足失敗的話只要再加熱就好了，若是鹽分沒有沖乾淨份量太重味道太鹹，只要拌成沙拉就解決了。基本元素是「鹽分＋糖分」，因此鹽、砂糖、味噌、蜂蜜等調味料可以互換著用，也可再加入自己喜歡的香料。容易製作而且不管怎麼調理都很難失敗，某種意義上來說是最強的料理。

不過只要持續製作下去，之後就會想做做看培根等其他肉類。鹽漬時也會想用用看新鮮的香草或者葡萄酒、威士忌等材料。所以，接下來就換濕醃法登場了。

濕醃法較乾醃法有「容易均勻滲透到全體」和「使用液體（調味料）」的特點。此外，也較容易使用洋蔥、紅蘿蔔、西芹等香味蔬菜增添味道的濃度及層次。火腿或培根需要燻製，有一個時期我會將附蓋的小烤肉爐搬到廚房裡，在抽風爐下面進行作業，但搬來搬去非常麻煩。

有一天我在翻閱文獻時，發現香腸發源地的德國也有僅經過水煮的豬腿肉火腿「德式熟火腿[12]」。根據記載，似乎要「用80℃的熱水（浸泡在高湯中隔水加熱）去水煮。肉的中心溫度以65℃～68℃為最佳」。不過自己一個人在製作時會覺得隔水加熱很麻煩，最近我都採用和本書食譜一樣的做法去做。

雖說是採用了那種做法，但業餘人士的鹽醃肉製作

鹽醃肉一旦做上癮後就會停不下來。做了這麼多到底要怎麼辦才好……。

12 Kochschinken。

的流行可是瞬息萬變。採濕醃法浸泡時發現醃漬液的顏色變成了紅色，開始擔心「莫非是肉的鮮味流失出來了嗎？」，結果又回到用乾醃法。但用了一陣子之後又覺得脫鹽程序十分麻煩，想要降低鹽分。既然如此，不如用滲透較均勻的濕鹽法將肉浸泡於濃度較低約５％的醃漬液看看吧……鹽醃肉就是如此會讓人東想西想的食品。就連我都會感到棘手，但實際上做起來還是非常開心。

也因此雖然本書中所介紹的是屬於鹽分很少不需要經過脫鹽程序的食譜，但其實鹽醃肉從使用的肉、鹽醃法、冰箱溫度、脫鹽程序、加熱到冷卻方法為止有著無限多的種類。

說到底，所謂的男子漢鹽醃肉，（只要不強迫別人吃）凡是自己覺得「好吃」就是正確答案啦（僅限於自己要吃的時候）。

味噌醃牛肉

／日本最初的特色肉料理／

連德川將軍家都愛吃的違禁品！

壹

醃漬時間不同，味道也會有極大的變化

若只醃數小時可得到新鮮的口感。醃漬3～4天後肉會更加熟成，香味也會越來越強烈。

貳

火候要控制不要太大

味噌和麴醃過的肉表面容易焦掉，因此需要特別小心火候控制。

参

可自由運用不同方式去煎烤

若選平底鍋也可用麻油去煎。也可以用烤魚的烤架或者炭爐、小烤箱等去烤。

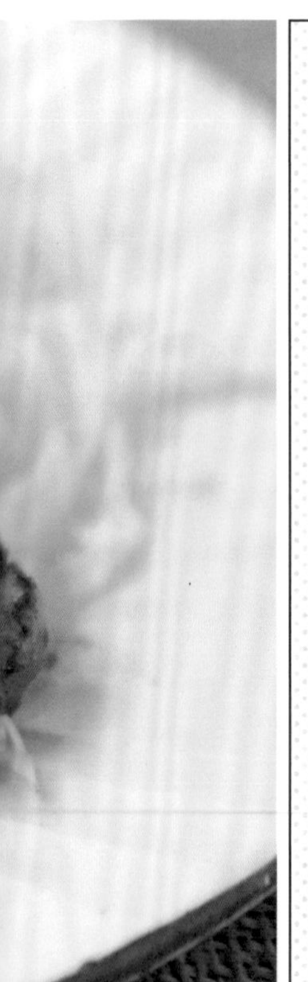

■**材料〔1人份〕**

牛排 250g
味噌 2大匙
日本酒 1大匙
味醂 2大匙
沙拉油 適量

■**做法**

❶日本酒和味醂混合後用微波爐加熱蒸發掉酒精成分，再充分和味噌拌勻。

❷將❶抹遍牛肉，用保鮮膜及調理用保鮮袋等緊緊包起。

III 依照個人的喜好去浸泡1～2天後再擦掉表面的味噌。在有樹脂塗層的平底鍋裡加入沙拉油用中小火加熱，正反兩面各煎約2分鐘，調整成自己想要的熟度。

MEMO 若用烤網或者烤魚的烤架去烤可讓味噌更香，但直火燒烤比平底鍋更容易烤焦，所以要特別小心控制火力。如喜歡偏甜的調味可以增加味醂的量或者加點砂糖。用這裡介紹的調味料份量可讓鹹味在醃漬兩天後徹底入味。根據醃漬期間長短，肉質和風味亦會有所變化。若想要醃漬較長時間，則需要更精細地調整鹽分。

menu
024

米糠醃豬五花

／豬肉歡迎！（by米糠底）＼

肉也想要浸泡在米糠底裡！

POINT!!

壹 加熱後會變白的肉很適合拿去醃漬

加熱後顏色相近的豬肉、雞肉和帶有特殊酸味的米糠底十分地搭。和豬五花又特別對味。

貳 和香噴噴的麻油十分對味

和米糠漬小黃瓜裡的醬油一樣，米糠漬中的混合調味料可增加味道的豐富性。肉類配麻油就對了。

參 搭配帶酸味的醬汁也很適合

米糠底雖然有鹹味，和南蠻雞風味、塔塔醬、坦都里風的咖哩味等帶酸味的調味料也很搭。

■材料（1人份）

整塊豬五花（250g）
米糠底 適量（約100g）
麻油 適量

■做法

I 將整塊豬五花和米糠底放入夾鏈袋中充分搓揉。

II 冰冰箱醃漬1～2天後取出洗去米糠。再分切成想要的大小（切厚一點比較好吃）。

III 平底鍋裡加入麻油用中小火去煎豬五花。若切成1cm厚，正反約各煎3分鐘。

MEMO 和26頁的厚切豬排一樣，煎整塊豬肉時要先充分煎過肥肉部分。或者也可以先分切再去煎各個表面。

先把「米糠底是家的味道」這個理想放一邊，要從頭開始培育米糠床耗時又費工。一開始先買超市和百貨公司可找到，1kg約數百日圓的「發酵完成」米糠底最快。市售品的米糠底大多比較鹹，可加入「炒米糠」或涼開水去調整成自己喜歡的味道。

Foodstuff

CHICKEN

menu 025

／很難吃剩！／
煎烤鹽麴醃雞腿肉

絕對不只是「一時流行」的料理。

POINT!!

壹 鹽麴和油是天作之合

鹽麴特殊的香氣會正向增加。除了麻油之外，可提味的酸味及微辣也很適合。

貳 使用可活化酵素的調味料去補水

鹽麴的蛋白質分解酵素在酸性pH值中活性較高。也就是說，若用煮去酒精成分的酒去補水可達成補水和調整pH值的雙重效果。

参 雞肉也要用法式油淋（Arroser）法！

雞皮煎出的油繞圈淋在雞肉上的「法式油淋法」可讓被鹽麴醃漬過容易焦掉的雞肉和熱源間保持距離。

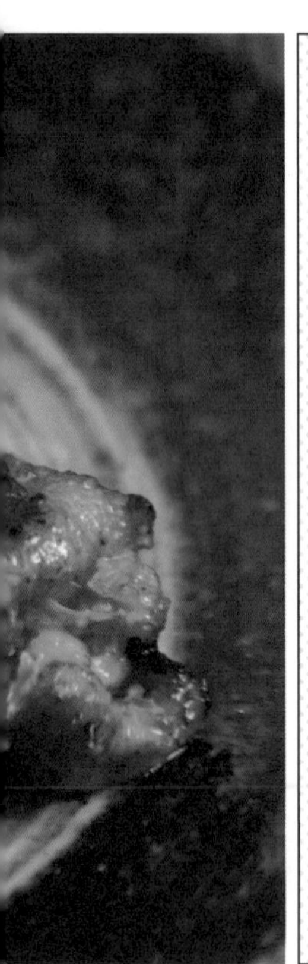

■材料（1人份）

雞腿肉 1塊（250～300g）
鹽麴 2大匙
煮去酒精成分的酒（水亦可）2大匙
麻油 50cc
青蔥 適量
（依個人喜好）柚子胡椒、山椒、花椒等

■做法

I 將雞腿肉和鹽麴、煮去酒精成分的酒放入夾鏈袋中充分搓揉。放入冰箱醃漬30分鐘以上。青蔥切成蔥花。

II 再次搓揉放在夾鏈袋中的雞腿肉，再用廚房紙巾等擦乾水分。加入

麻油到平底鍋中，雞皮朝下放入雞肉，用中火去煎。

III 拉起平底鍋（手邊較高），用聚集在鍋邊的油繞圈淋在中央的雞肉上（法式油淋法）去煎。煎到雞肉整體膨脹起來就把油倒掉關火。灑上約1㎝青蔥切成的蔥花。

MEMO 雞肉只要火候掌握得當就可做出富含肉汁的柔嫩口感。用平底鍋煎的訣竅就是「雞皮朝下」且火力要小。本食譜中使用「中火」是因為採法式油淋法而拉起平底鍋時，火和平底鍋的距離會拉開。如果油淋法太麻煩，也可以減少油量用超小火＋稍微留點縫蓋上鍋蓋。不過完成的時機控制會比較困難。

醃料一定要用「生」的

二〇一一年時甚囂塵上的鹽麴，被認為是不管用在哪裡都行的「發酵」調味料，一時蔚為風潮。這波風潮可說是戰後最大的調味料瘋，同時也是由不明原因而非製造廠商所發起的流行中影響最大的。一般說來鹽麴的酵素擁有「增加鮮味」和「軟化蛋白質」兩種功效，但關於其背後的機制仍有許多不明之處。

不過在引起流行後，各研究機關陸續揭開了鹽麴功效背後的機制的神祕面紗。

例如實踐女子大學的食品加工學研究室比較了自家製的鹽麴和複數市售產品的「酵素活性」。針對「產生甜味的糖化酵素」及「使口感變軟的蛋白質分解類酵素」兩項進行了自家製和市售產品的比較實驗。

首先發現的結果是，產生甜味的澱粉酶在自家製的鹽麴中較市售產品中活性較高。有些市售產品的活性甚至只有自家製鹽麴的數十分之一到數分之一。研究團隊提到「（市售產品）加熱處理造成酵素喪失活性」的可能性。也就是自家製鹽麴在舒適的溫度裡培育，自由自在地生長，另一方面，市售鹽麴則在出貨前經過加熱處理使酵素喪失了活力。

鹽麴雖然一般被稱做「發酵調味料」，但亦有一說，狹義上不過是具有因酵素而產生的「糖化」作用而已。糖化作用也就是用麴製成甜酒時的作用。而結果顯示市售鹽麴中有很多糖化酵素澱粉酶已經失去活性。用麴製作甜酒時，放在保溫瓶等容器裡一晚使其糖化後也會煮沸一次阻止酵素繼續作用。

市售鹽麴不具將澱粉轉換為葡萄糖等成分的能力，不過是單純的調味料而已，就算說將甜酒加鹽就可取代（喪失活性種類的）市售鹽麴也不為過。如果今後鹽麴又開始大流行導致超市缺貨買不到的話，或許你可以告訴旁邊著急的太太「沒有鹽麴的話可以買甜酒喔」。

不過，並非所有市售的鹽麴皆喪失了活性。就算是市售鹽麴，其中也有標記「未加熱」活性很接近自家製鹽麴的產品。

鹽麴的效果中最受矚目的莫過於「蛋白質分解類酵素（蛋白酶）活性」——也就是可讓魚和肉變得柔軟的功效。而這個部分市售鹽麴的活性表現據說相較之下較好。其中亦有「未加熱」的市售鹽麴的效果甚至高於自家製鹽麴的例子。

而之所以造成這個現象是因為鹽麴的製造廠商。實驗所使用的自家製鹽麴是「漬物和甜酒用的米麴」。而蛋白質分解類酵素活性較高的原因被認為是「味噌製造商的商品，可能是因為鹽麴製造時使用了蛋白質分解酵素活性較高的味噌製造用麴菌」。

也就是說，實驗時所使用的鹽麴可分為「自家製≒擅長糖化的種類」、「廠商製≒擅長分解蛋白質的種類」兩大類。只要不經過加熱處理的程序，就可發揮出各自擅長的實力。

原本在買市售產品時要如何選擇加熱・未加熱處理的產品就不是簡單的任務。

因此為了要確保所用的鹽麴具有充分軟化肉和魚的能力，最快的方法應該是向味噌製造商取得「味噌用」、「鹽麴用」的米麴然後自己製作自家製鹽麴。

提升鹽麴分解蛋白質能力的祕訣

前述的實驗中亦針對鹽麴所含之蛋白酶在何種pH值下活性會增加進行了測試。論文雖然主要是自家製鹽麴和市售商品的比較，但從使用者的角度來看，自然會想問「鹽麴到底該用在何時、又該如何使用才好？」

先說結論，實驗結果顯示，使用鹽麴時pH值偏酸性時肉較容易變軟。鹽麴中含有各式各樣的蛋白酶，其中活躍於pH值呈中性（pH＝6.0）環境的中性蛋白酶全體活性較低，在pH值呈酸性（pH＝3.0）環境下作用的酸性蛋白酶的活性所呈現的整體數字較高。

此外，根據東京聖榮大學的團隊的研究，鹽麴本身的pH值無論自家製或是市售品皆介於5.2～6.1之間。這個數字代表的是弱酸性到中性，並非蛋白酶活性較高的pH值區間。也就是說，用鹽麴去處理食材時，似乎要加入日本酒或者葡萄酒、醋等可降低pH值的酸性調味料才能更加發揮出鹽麴的力量，使肉類更容易變軟。

實際上，關於麴中很強的蛋白酶活性，早在鹽麴瘋之前，就已為研究人員間所周知。二〇〇二年由北海道立食品加工研究中心（現在的北海道綜合研究機構食品加工中心）所提出的「利用酵素處理等食肉品質改善技術之開發」實驗中，由於麴類的蛋白質分解活性太過強勁，不僅讓實驗的反應時間自24小時縮短成5小時，也讓之後的食用肉品軟化處理實驗的軟化劑範圍縮小到醬油粕和麴類。原本麴類所擁有的蛋白質分解能力就是如此強大。

因為掀起了流行，故以往存在的疑問都浮上了檯面，如果能夠逐一解決掉這些疑問的話，那陣跟風的騷動或許也還不賴。

但這次在介紹「醃漬肉」時登場的味噌和米糠最近卻沒什麼人研究。味噌的話，昭和四十年代起關於蛋白酶等酵素的論文雖然如山一樣多，最近的論文卻大多是像「味噌湯和鹽分」這種將焦點放在健康方面的主題（當然這也是非常重要的研究）。

至於米糠漬的原料米糠的相關研究，幾乎清一色是探討做為飼料餵食黑毛和牛之類的家畜時的效果或者以米糠萃取物為研究對象的記載。關於米糠漬的大多數論文裡米糠根本不是人類的食物。料理和調理科學的論文相比起其他的研究領域對於社會的潮流十分敏感，但卻幾乎找不到米糠漬的論文。這也就代表了米糠漬已經逐漸開始脫離我們的生活。

二〇一三年和食被登錄為聯合國教科文組織的非物質文化遺產。相關業界雖然皆喜出望外，但原本被提案為非物質文化遺產的背景也包含了國內料理人所抱持的「和食滅絕」的危機意識。京都的老舖料亭、菊乃井的老闆兼主廚村田吉弘等人皆多次對媒體表示「文化遺產登錄是為了要保護逐漸失傳文化的行動」。

米糠漬正可說是已經逐漸失傳的一種漬物。但這帶有鄉愁、令人懷念萬分的滋味若失傳未免也太過可惜。

用「生」的味噌去醃肉可使胺基酸含量激增

味噌至今仍是日本人日常生活中不可或缺的調味料，而論文的絕對數量亦還算多。調理科學領域也發表了許多關於味噌的論文和研究。二〇〇一年時也有人發表了「雞肝用不同味噌去醃漬會得到何種結果」（※正式題名為〈各種味噌對味噌漬雞肝的性狀及嗜好之影響〉）的研究，研究內容亦提到了味噌的蛋白質分解酵素的變化——蛋白酶活性。

實驗裡共使用了四種味噌，分別比較了生的及加熱過的米味噌和豆味噌後，結果無論是米味噌還是豆味噌都是生的蛋白酶活性較高。

用味噌醃過的肉一般會呈「濕潤黏軟的口感」，這是因為蛋白質分解酵素的作用使肉質變得更加細緻滑嫩之故。同時，鹽分也有脫水的作用。無論生的味噌或者加熱過的味噌都會因脫水作用而讓肉質更加「緊實」，但唯有使用不會停止發酵的生味噌才可讓肉質變得柔嫩，更容易造就「濕潤黏軟的口感」。

此外，用四種味噌醃漬過的肉中做為鮮味成分來源的各種胺基酸皆有所增加，特別是用生味噌醃過，肉當中的各種游離胺基酸含量較用加熱過的味噌醃過的肉更高，其數字更顯示了壓倒性的美味。

論文中探討胺基酸增加的成因為「自味噌滲透進去的胺基酸」及「醃漬中因蛋白酶作用而產生」的胺基酸所導致。四種味噌中沒有任何一種是失敗的。所有的味噌都讓醃漬過的肉變得更加美味。話雖如此，兩種「生」味噌的效果還是壓倒性地強過加熱過的味噌。

我們的身邊充斥著各種資訊。在兩千年代時世人曾為了「和十年前相較之下可選擇的資訊量已增長為五百三十倍」一片騷然。然現在的資訊流通量仍持續地增加中。也可能出現被過多的資訊量壓得喘不過氣來而無法接受眼前事實的人自鳴得意地主張「雖然強調生味噌較好，但味道也沒差到那麼多吧」。

不過，真正重要的是不要為資訊的「量」沖昏頭而看清資訊的「質」。只拿味噌漬為例就知道數字會說話。用「生」的去醃果然還是比較好吃。

好吃必有因！

第五章

自我挑戰的「周末肉」！

／偶爾也要越級打怪！＼

雖然是平時很少做的菜色，周末時也想用小小奢侈的豪華菜色犒賞自己。雖自知超出自己能力，但只要可以讓場面熱鬧起來還是想要努力看看。只要有點毅力的話一定沒問題的（就算沒有通常也不會有問題）。

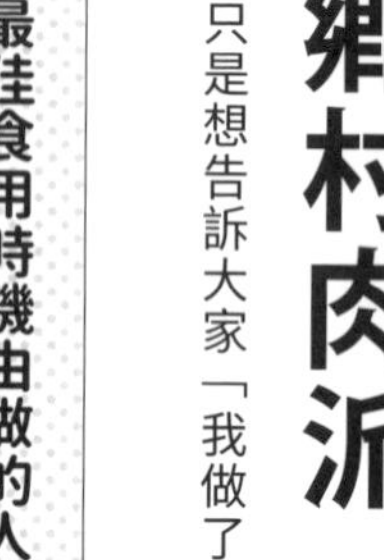

／鄉村風卻讓人興奮不已！＼

鄉村肉派

只是想告訴大家「我做了鄉村肉派」！

POINT!!

壹

最佳食用時機由做的人和吃的人決定！

加了雞肝的鄉村肉派會越來越香。最佳的食用時機由做的人一邊想像吃的人的臉來決定。

貳

先打電話給附近的肉店確認豬背脂

豬背脂先請肉店絞碎比較輕鬆。先打電話和店家確認豬背脂絞肉多少錢。

參

要調理前再將肉從冰箱裡取出

首先要讓豬肉確實結合成一體，所有肉類一直到要調理前都要保存在冰箱（或者冰溫室）裡。

■材料〔磅蛋糕模20cm 1個份〕

豬絞肉250g、雞肝100g、豬背脂（請肉店先絞碎）50g、大蒜1瓣、洋蔥（小）1顆、鹽1小匙、黑胡椒少許、白蘭地1大匙、牛奶適量、培根6片、月桂葉3片、普羅旺斯香料（綜合香料）適量

■做法

I 大蒜和洋蔥切碎。雞肝放冰箱浸泡在牛奶裡30分鐘。

II 用附麵糰攪拌刀片的食物處理機攪拌冰過的豬肉和鹽。待肉結合成一

塊後，將食物處理機的麵團攪拌刀片替換成切碎刀片，加入雞肝和白蘭地，啟動食物處理機攪拌到均勻為止，再加入大蒜、洋蔥、胡椒、豬背脂攪拌到全體結合成一體。

Ⅲ 貼著磅蛋糕模一片一片疊上6片培根片。倒入Ⅱ，將培根的兩端折起來蓋上。上面再排放上月桂葉，灑上普羅旺斯香料。

Ⅳ 用鋁箔紙將Ⅲ連著容器包起，用180℃的烤箱隔水加熱80分鐘。放涼後冰入冰箱冷藏一晚。

menu 027

／瞬間消失＼ 雞肝醬

連討厭雞肝的人也會愛上的超經典菜色。

POINT!!

壹

日本酒可增加雞肝的滋味

雞肝徹底放血後用日本酒醃漬。有研究報告顯示胺基酸會增加、食味也會提升。

貳

用油封住雞肝的腥味

雞肝的腥味可用高溫的油去掉。加上鮮味及香味蔬菜的香氣加乘，味道會更加豐富有層次。

参

奶油是一人分飾兩角的多功能選手

奶油兼具炒油和增加奶油味的功能。可用醇厚的香氣蓋過雞肝的腥味。

■**材料（4～6人份）**

雞肝 200g

〈醃漬液〉

醬油 1小匙

日本酒 100㎖

水 100㎖

〈調味料〉

奶油 120g

大蒜 1瓣

洋蔥 ½顆

月桂葉 1片

雞骨高湯 100㎖

黑胡椒（整粒佳）適量

■**做法**

Ⅰ 雞肝去筋用流水充分洗淨，浸泡於醬油和日本酒混合而成的醃漬液裡冰至冰箱醃漬數小時。大蒜、洋蔥切碎。

Ⅱ 小鍋裡放入一半份量的奶油、大蒜、洋蔥、月桂葉用中火加熱。待洋蔥變成金黃色再加入擦乾的雞肝。加熱到雞肝完全變色後，加入雞骨高湯和黑胡椒，一邊炒煮到水分收乾為止。

Ⅲ 自Ⅱ中拿掉月桂葉，加入剩下的一半奶油用食物處理機攪拌。放涼後倒入模具中放到冰箱裡冷卻。

menu 028

／超柔軟／ 油封雞肫

只要死守不煮沸的原則就沒問題了。

POINT!!

壹 仔細去筋

油封的目的是要用油煮出柔嫩的口感，所以要先去掉口感很硬的筋。這會讓成品的口感完全不同。

貳 注意鍋子溫度

就算已經調到「極小火」，但也可能偏離目標溫度的70℃。要讓鍋底經常維持在帶有小氣泡的狀態。

参 鍋底墊個盤子

要小心袋子不要煮到溶化。確認袋子的耐熱溫度，並注意直火加熱的鍋底溫度可能到達100℃以上。

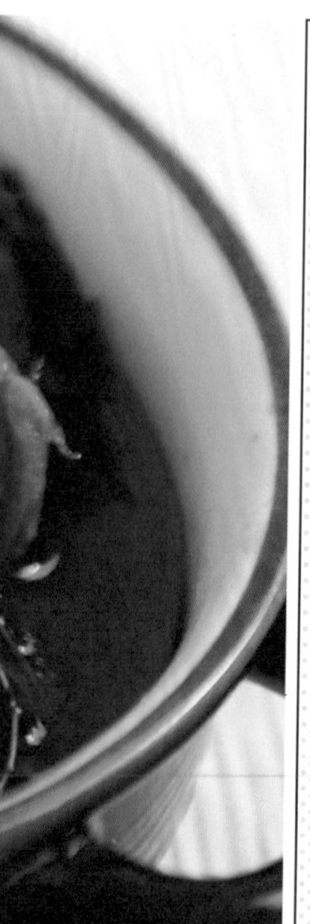

■材料〔4～6人份〕

雞肫 250g
鹽 1小匙
大蒜 1瓣
迷迭香、百里香等香草 各1支
橄欖油 適量

■做法

Ⅰ 切除雞肫連接處的白色的筋。將雞肫全體均勻裹鹽。冰到冰箱裡醃漬約2～6小時。

Ⅱ 大蒜切片。雞肫擦乾水分後和大蒜、香草一起放入夾鏈袋中，倒入橄欖油，不要完全淹過食材，再用吸管

等工具抽掉空氣後封起袋口。

III 在鍋裡加入大量的水，放入盤子後用中火加熱。等到鍋底開始冒出小氣泡，就可將II的夾鏈袋放進去，轉成極小火不要加蓋去加熱1小時30分鐘。

MEMO 用60℃～70℃左右的溫度去加熱就可以了，因此亦可考慮活用電子鍋的保溫模式。若是要採正統的調理方式，則不要用夾鏈袋，將大量的油倒入耐熱皿中用烤箱低溫（80～100℃）去加熱也可以。

如何和內臟打好關係

內臟非常不好處理。特別是像處理肝臟這種個人喜好涇渭分明的食材時，絕對要事先調查吃的人喜好。因為調理時會分成「讓喜歡吃的人愛到不行」或「讓討厭吃的人也可接受」完全不同的手段。本書中60頁的「純雞肝」是以讓喜歡吃的人愛到不行為目標調整出的食譜，而116頁的雞肝醬則是特地做成讓不敢吃雞肝的人也願意吃的食譜。

雖然統稱內臟，但不能將所有內臟都等同視之。例如像橫膈膜這種瘦肉的組織是肌肉——也就是橫紋肌這種伸縮像彈簧般的組織，而其他的內臟組織則是平滑肌排列鬆散的結締組織，例如大腸，就算加熱也不太會收縮，也很難變硬。

肉只要一烤下去就一目了然。會朝特定方向收縮的牛五花和里肌是橫紋肌，而烤掉油脂部分後會稍微變小的大腸則是平滑肌。

而肝臟則是由完全不同的細胞所構成。既不是橫紋肌也不是平滑肌，而是大型結締組織中塞滿了肝細胞。一旦加熱則細胞會變硬，口感也會變差。

二〇〇三年所發表的論文〈調理溫度對嫩煎肝氣味之影響〉中的調查也顯示一般人對肝臟的喜好程度「喜歡39.5%、不喜歡也不討厭14.8%、討厭45.7%」可說是壓倒性地不受歡迎。進一步詢問他們討厭肝臟的理由可得到「腥臭27.0%、味道16.6%、咬下去的口感11.0%……」，無論是哪個項目都非常糟糕。

此論文中針對牛、豬、雞的肝臟分別用100℃和180℃調理後味道和氣味的變化做了實測。實驗方法為將加了油的肝臟放入加熱到100℃和180℃的烤箱內加熱到中心溫度達80℃為止。而在此條件下，100℃所需的加熱時間略少於4分鐘，180℃則是2分鐘多。

實驗結果，無論是牛、豬、雞的肝臟皆是用高溫180℃去調理的結果較低溫100℃去調理的結果來得比較不「腥臭」而且味道也比較討人喜歡。

透過這個實驗可得到以下結果：

・在「低溫×長時間加熱」的條件下會產生較多肝臟的臭味來源物質。
・使用油「高溫×短時間」去調理可讓油滲入肝臟表面抑制肝臟獨特的氣味。
・再製造出香噴噴的焦痕，也就是「梅納反應」，梅納反應所產生的香氣具有蓋過肝臟獨特腥臭味的功效。

仔細想想，不僅「純雞肝」、「韭菜雞肝」等中華料理餐廳等各種肝臟料理大多都是用高溫的鍋裡加入大量的油用短時間去調理的手法。自古傳承下來的手法果然還是有其意義在的。

同樣是用了雞肝的料理，雞肝醬和鄉村肉派從調理到抵達吃的人的口中之間的過程不僅不同，食用的方式也不同。

中華料理的炒肝臟料理大多是製作一人份最多是一家人的量，調理後就會立刻被吃掉。相對的，西洋料理中的肝醬等則是常見於派對或宴會等場合，大多時候在做好後還會放置一段時間再吃。有時甚至會先放冷藏使其熟成數天再吃。

肝臟放得越久，獨特的氣味就會越來越強烈。對喜歡的人來說是「味道出來了」，對討厭的人來說卻是「肝的臭味變強了」。因此肝臟的前置處理非常重要，必須要確實做好。

一九九〇年代，椙山女學園大學家政學部有針對雞肝進行研究的研究團隊。將雞肝用醋、沙拉油、葡萄酒、食鹽等醃漬後多次進行食味評價，結果皆不甚理想。不過用「醬油×日本酒」，特別是用日本酒去醃漬的雞肝能確實提升評價。研究中嘗試改變日本酒的濃度和醃漬天數的不同組合去觀察滋味的源頭胺基酸的變化，結果發現無論哪一種組合下含量皆相等或有增加的傾向，感官測試的結果也顯示可減輕雞肝獨特的臭味。

長久以來一直都是用流水或牛奶將肝臟放血去腥。但就算立刻奔向快速的正確解答，最後得到的也不過是像預定和諧般的無趣結果。周末拿起菜刀和平底鍋自己做菜時，偶爾也要收起平時依靠的食譜，改用自己腦中建立好的假說去試試看不同組合。這不僅可以讓周末變得更加豐富有趣，更是可以拓展自己可能性的訓練。

萬一自己的假說最終驗證結果是失敗的呢？要做就要抱著若失敗了就大方當作是自己謝罪和收拾善後的訓練的覺悟去做。無論成功或者失敗，做事做到底才是真男人。

＼熱血沸騰！／

薑汁羊小排

「肉」、「調味」、「煎烤」的三重熱血燃燒料理！

POINT!!

壹

丟掉一開始煎出的油脂

橫切面部分的羊脂很快就會氧化。一開始流出的油脂氧化後會變成油臭。要先將肥肉部分充分煎過後倒掉油脂。

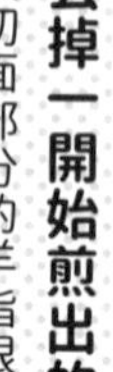

貳

不可過度加熱

和其他肉類一樣，目標是讓橫切面呈粉紅色。加熱過頭不僅會讓肉變老，羊騷味也會變重。

参

羊肉再多一味效果更佳

香氣強烈的羊肉有著無限多種「正確」的組合。也可以在醃漬醬汁中加入香味蔬菜或者水果等食材。

■材料（兩人份）

羊小排 300g

〈調味液〉醬油 2大匙、味醂 2大匙、國產生薑（泥）1小匙（若使用塑膠軟管包裝的生薑泥或者外國產的生薑則用量要1.5倍）

沙拉油 2大匙

■做法

Ⅰ 用菜刀在羊小排的肥肉側劃出格子狀後浸泡於用醬油、味醂、生薑混合而成的調味液中約10～20分鐘。

Ⅱ 於氟素樹脂加工的平底鍋中加入沙拉油後用中小火加熱。將羊小排立

起，肥肉側煎個4～5分鐘。之後先將油擦乾淨一次，再放回鍋中用中小火煎。

Ⅲ 一面約煎3分鐘（厚度1.5～2㎝時）。兩面煎出焦色後取出放到盤子裡。再次將平底鍋裡的油擦乾淨，加入醃漬用的調味液後用中火加熱。等到醬汁滾了就可淋到盤子裡的肉上。

MEMO 雖然煎好後直接吃也可以，但若是喜歡沾很多醬汁的話，可以在煎好羊小排後再次將平底鍋裡的油擦乾淨，加入調味液用中火加熱，煮到沸騰醬汁就完成了。順便一提，羊小排一塊的重量大約70～80g，煎的時候要仔細看好，小心不要煎太老。

／BBQ變身！／骰子牛櫛瓜串

知識的結晶──日本BBQ協會官方菜單。

壹 串烤時將加熱時間相同的食材組合在一起

同樣大小的牛肉和櫛瓜所需的加熱時間一樣，是黃金組合。是基本的最強組合。

貳 烤肉爐要加蓋

要選用美國Weber等品牌出的附蓋烤肉爐。市面上亦有販售烤盤用的蓋子。

參 將所有食材自熱源等距離放置

用散發很多放射熱的炭火去烤時，不一定要將食材都放在熱源的正上方。重要的是距離和位置關係。

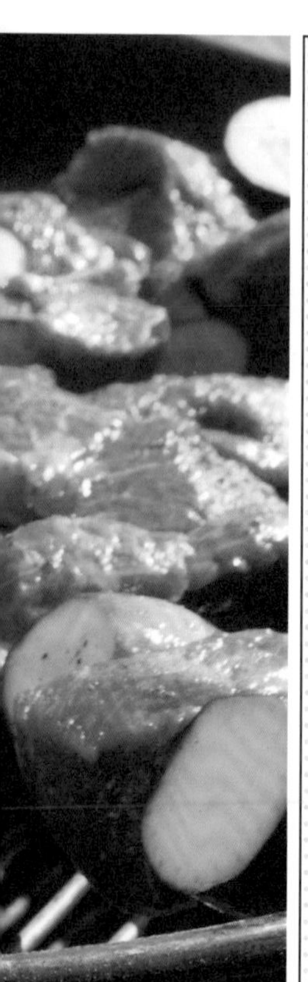

■材料〔5串　約10人份〕

牛肩胛肉 700g
櫛瓜 3條
鹽、胡椒、橄欖油 適量

■做法

Ⅰ 將炭火生好（全體變白像覆蓋了一層灰一樣時就是安定的狀態）。牛肩胛肉切成邊長3～4cm的小塊。櫛瓜也分切成一樣大小。

Ⅱ 牛肉和櫛瓜交互串入烤串上。櫛瓜塗上橄欖油。並於全體烤串灑上偏重的鹽和胡椒調味。

Ⅲ 調整炭火的位置，使食材和熱源保持等距離狀態，烤串放上烤網烤出焦痕後蓋上蓋子。約烤20分鐘即可。

MEMO 若是圓形的烤架，可選用中央開洞呈甜甜圈狀的「Circle Fire」。就算是用長方形烤架，也可做出像在較窄的兩側配置炭火再將烤串放到中央等的調整。炭火燒烤最重要的關鍵就是火候控制。日本國內一般的長方形烤架自炭到烤網的距離很短，燒烤的面積也很小，因此很難發揮原本炭火所擁有的遠紅外線效果，但還是可以做出幾乎沒放什麼炭的「弱火區」、放少許炭火的「中火區」、放置大量炭火的「強火區」，並運用於不同食材上。

為何日本人如此不會控制火候

我們日本人對「火」的掌握很不擅長。雖然日本擁有兩萬間以上（調查黃頁登記的結果）讓客人自己烤肉的「燒肉店」，這在世界上也是非常稀有的營業方式，但日本人不會掌握火候的程度實在令人咋舌。去燒肉店時，經常會遇到鄰桌主張錯誤知識的客人，有時和人一起併桌也會覺得很受不了。他們對待原本應是「奢侈品」的肉的方式簡直隨便草率到令人難以置信。而且其中還有人故意要將肉烤得很難吃。在有自覺的情況下還做出這種事，可說相當惡劣。而另外一邊，愛肉的人則會跟愛肉的人混在一起，而這兩者的差異與日俱增。今天「烤肉階級差異社會」也仍在持續深化當中。

我不時會去販售燒肉、串烤、整塊肉的名店採訪。每家店都各有不同的經營型態，所提供的肉的品質以及每一道量的大小也不一而足，因此當然在烹調手法上也會有些微的差異。但就算如此，這種手法幾乎都遵守著「烤肉的常識」。

而這些對專業人士來說「理所當然」的常識，卻和一般客人的常識天差地遠。

火的強弱用分區控制

舉燒肉為例，就算店家使用可以調整火力的無煙瓦斯烤肉爐，其實烤網上各個地方的溫度還是不一樣。實際測量最傳統的長方形無煙瓦斯烤肉爐的溫度，直火接觸到的部分大約是350～400℃，中央約是250～300℃，角落部分約只有150～200℃。

使用炭爐的店溫差會更大。炭火旺盛燃燒的情況下，中央的溫度有時可達500℃以上，但稍微離開火源的地方只有250～300℃左右。而在最外圍遠離炭火的地方甚至會落到100℃以下。就算是在同一張烤網上，放的地方只差個數公分，溫度就可差到100～200℃以上。

擅長烤肉的專家們都知道去靈活運用這個溫度差。雖然運用方法因人而異，加上肉與烤爐的不同也會造成烤法會有些許差異，但所有人都會活用烤網上不同的火候。例如，用強火區先將兩面烤出焦痕再放到弱火區休息。又或者可用中火區一邊烤出焦痕一邊烤熟中間等各種熟練的火力強弱運用方式。

最重要的就是烤出焦痕！

專家一定會在「表面烤出焦痕」。首先將肉放上烤網時要確認烤網已經充分烤熱。若烤網溫度太低肉會沾黏。下肉時，在肉稍微碰到烤網的一瞬間要先拉起來一次。在蛋白質凝固前將肉拿起，藉由在烤網上留下微量的油脂和水分去大幅沾黏減輕風險。

對了，雖有人說有「在烤網上塗檸檬就不會沾黏」等方法，但不好的烤網就算塗了檸檬還是照樣沾黏不誤，而且，檸檬本來是拿來調味用的不是拿來塗烤網的。

真正應該要注意的是翻面後放的地方。雖然常看到大家在原地翻面，其實翻起後應該要倒向另一邊，放到旁邊的位置才對。這是因為在翻面為止烤網和肉接觸的面溫度會較低，沒辦法立刻烤出焦痕。強火區是為了烤出焦痕而存在的區域。若是切成薄片的肉，只要將兩面烤出焦痕就差不多可以吃了，若是較厚的肉，在烤出焦痕後可放到中溫加熱，亦可移到弱火區。「焦痕＝梅納反應」，可增加鮮味。因此好的燒肉店大多會選用鐵板類有縱條的烤網，若是用格子狀的烤網也會選網目較粗者，其中更有特別訂製烤爐和烤網的店家。焦痕就是如此至關緊要。

餘熱可對味道帶來決定性的差距

對厚切肉來說使用「餘熱」的重要性是不言自明的。在火較大的區域將兩面烤過後，要移到網上火較小的區域去加熱催熟肉的內部。其中厚切牛舌等蓄熱力很好的肉類，有些專家甚至會充分烤過兩面後直接放到盤子上靠肉本身的溫度慢慢地變熟。如本書一開始所提到的，讓肉緩慢通過40～60℃的溫度帶可幫助生成增加鮮味的胜肽及胺基酸。

除此之外，對於在烤油脂含量多的肉類時所滴下的油脂，一般有著「用煙燻過會更好吃」的誤會，其實油脂直接滴到直火後所產生的煙生成不好吃的雜味。應該要全力避免油滴到火上讓整個火焰衝起熊熊燃燒的狀況。一旦火舌竄起或者開始冒煙，最好要讓肉趕快避難。若是使用炭火的店，可以和店家要點冰塊放到火上去撲滅火勢。

基本烤肉法

在清楚「烤的熟度要看個人喜好」的大前提之下，最後我還是利用一點點篇幅針對主要的幾種類別快速講解一下基礎的烤肉方法以及背後的邏輯。

醬汁口味 中火區↓（翻面）中火區↓（視厚度而定）弱火區。醬汁若是放在強火區很快就會烤焦。

鹽味 強火區↓（翻面）強火區↓（視厚度而定）弱火區。鹽很難烤焦，因此要一口氣用大火烤。

牛五花 要將油脂充分烤掉。如果只「快速炙烤一下」，油脂部位的油膩口感會殘留下來。

厚切牛舌 用大火將兩面烤過後先放到盤子上用餘熱加熱，最後再將表面烤到微脆（這個烤法是銀座的知名串烤店的老闆教我的，非常好吃）。

大腸 油脂側朝上慢慢烤，烤到七分熟後翻面，自己去調整要留下多少油花。

原本日本就有「大火遠火」、「魚要給貴族烤，年糕則要給〇〇烤[13]」等和火相關的俗諺，以前火也是日本日常生活的一環。但現在就連瓦斯的爐火也如風中殘燭。這個背景是來自戰後快速的基礎建設更新以及高度經濟成長期對生活方式所帶來的變化。另外，在生活文化沒能好好傳承的情況下，所有的發展都集中到東京加速一極化也是其中一個原因，這裡因篇幅有限，這個議題我會再利用其他機會加以闡述。

13 〇〇處原是乞丐，作者應該是不希望使用歧視用語故隱去。此諺語用意是告誡人烤魚時要用小火烤不要太常翻面，反之烤年糕則要勤翻面。

第六章

湯類・燉肉：壓軸肉大賽！

／要以什麼作結!?／

宴席以肉開頭以肉收尾——雖說這並非唯一的模式，但果然還是用肉壓軸最能炒熱氣氛。最後一道到底要用湯還是燉煮物，或是碳水化合物類呢。湯和燉煮物一樣，只要稍微下點工夫就會大大改變味道。今晚最棒的壓軸菜色究竟是什麼呢!?

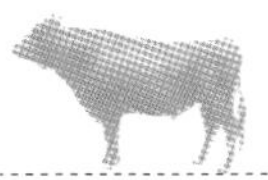

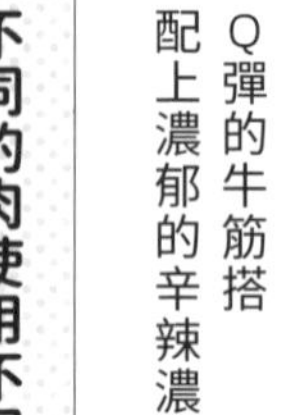

menu
031

／超人氣／

牛筋咖哩

Q彈的牛筋搭配上濃郁的辛辣濃稠咖哩！

POINT!!

壹　不同的肉使用不同的前置處理方法

若用的是顏色鮮紅的牛筋肉，前置處理也可以不要用水煮後瀝乾湯汁的方式而改用炒的炒出香氣。

貳　燉煮料理可加入日本酒使pH值呈酸性

燉煮肉類時加入釀造酒可使pH值呈酸性讓肉質軟嫩。特別是日本酒的效果奇佳！

參　咖哩粉不用炒過也可以

咖哩粉的香料在包裝前已經焙煎過。要炒也可以，但若不小心炒太過搞不好會有反效果。

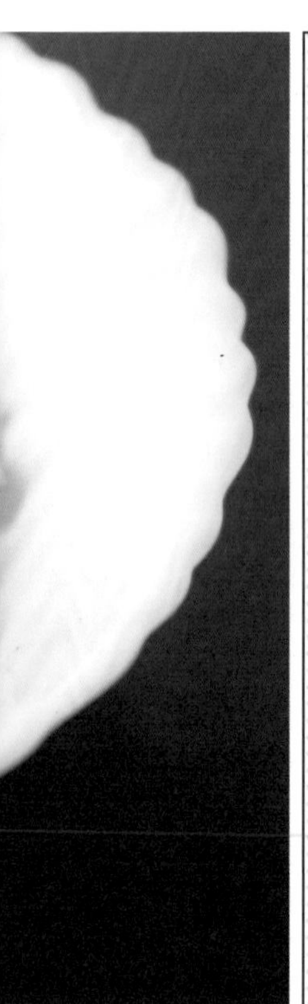

■材料〔6人份〕

牛筋肉800g、奶油30g、洋蔥（中）2顆、大蒜（泥）2瓣、生薑（泥）2大匙、咖哩粉3大匙、麵粉2大匙、整粒番茄罐頭1罐、鹽1小匙、日本酒100㎖、水100㎖、咖哩塊2盤的量、（依個人喜好）鹽、醬油、醬汁等適量

■做法

I 大蒜和生薑磨成泥。洋蔥切薄片，牛筋肉切成一口大小。

II 於鍋中加水（未紀載於食譜中）並放入牛筋肉，用中火煮至沸騰。煮

5分鐘後用流水沖洗，再加入食譜裡的水、鹽、日本酒、整粒番茄罐頭，用中小火燉煮，並適時補充變少的水量。

Ⅲ 於平底鍋中加入奶油和洋蔥，用中火炒30～40分鐘。在洋蔥炒成黃褐色前加入大蒜和生薑。洋蔥變成黃褐色後加入麵粉炒勻。

Ⅳ 於Ⅲ中分批一點一點加入Ⅱ的煮汁稀釋，再倒回Ⅱ的鍋子裡加入咖哩粉燉煮。待肉開始變軟，就可以關火加入咖哩塊化開。再用鹽、醬油、醬汁等調味。

／跨越大阪疆域的療癒食／

肉吸〔牛肉湯〕

已經成為全國知名的人氣料理！

壹 肉用50℃涮過

肉會從切口處開始氧化產生不好的味道。首先要將已經氧化的部分沖洗乾淨。

貳 匯集多重鮮味時料要盡量簡單

同時運用了多種鮮味時，除了主角外要力求簡單。柴魚高湯、肉、朧昆布加上香辛料味道就很足夠了。

參 盡量維持低溫去煮

煮肉時不要蓋上蓋子並盡可能用最小的火去煮。

■材料〔1人份〕

牛五花 150g
柴魚高湯 300㎖
薄口醬油 2大匙
味醂 1大匙
蛋 1個
朧昆布 適量
蔥（青蔥佳）適量

■做法

1. 蔥切成蔥花。牛肉用50℃的熱水去涮洗（※若使用鍋子，用小火加熱鍋子，等到鍋底的熱水開始冒出小氣泡時就關火。放入肉攪拌一下就取出）。

II 於鍋中加入柴魚高湯、薄口醬油、味醂後開火。煮到沸騰後轉成極小火再加入 I 的牛肉，並勤快撈掉雜質。試一下味道後調味。

III 轉成中火，加入蛋和蔥。煮滾後立刻關火。盛到丼碗中再放上朧昆布。

MEMO 一般的柴魚高湯會用水的重量約1%的昆布和2～3%的柴魚片，若要用來做肉吸，因為料的牛肉也會煮出高湯，為了不讓味道被壓過去，要萃取富含柴魚風味的高湯。350㎖的水要加入約3g的昆布（日高昆布的話約10㎝長）、柴魚片4%（小包裝4.5g×3包的量）。若使用當場削出的柴魚片可為高湯的味道帶來驚人的變化。

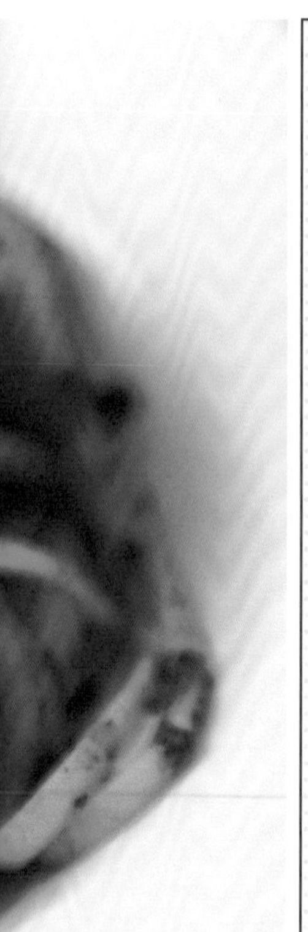

Foodstuff

BEEF

menu
033

／牛肉多多／ 波隆那肉醬麵

能聚集人潮的美味密技！

POINT!!

壹

一次做好大量後分裝冷凍保存

雖然耗時費工，但驚人的美味。不僅可做成燉飯（Doria）和焗烤，也可當成肉包的內餡。

貳

選擇較粗的義大利麵

因為鮮味濃烈，建議使用偏粗的義大利麵。特別推薦使用煮起來軟硬度穩定的細扁麵。

參

加入菇類湊齊三種鮮味

番茄的麩胺酸之外再加上肉的肌苷酸和舞菇的鳥苷酸。使用磨菇也可以。

■材料〔10盤醬汁份〕

混和絞肉400g、牛腱400g、雞肝200g、大蒜3瓣、洋蔥2顆、西芹2支、紅蘿蔔2根、舞菇1包、肉荳蔻少許、橄欖油200㎖、紅酒⅔瓶、番茄罐頭400g×3罐、鹽2大匙、胡椒適量、月桂葉3片、巴沙米可醋2大匙

〔1人份義大利麵〕

細扁麵100g、帕瑪森乾酪（起司粉）適量、奶油10g

■做法

1 大蒜、洋蔥、紅蘿蔔、西芹切碎。牛筋肉用菜刀剁碎，灑上兩撮鹽。舞菇、罐頭番茄、雞肝先用食物

處理機打過。

Ⅱ 平底鍋裡加入橄欖油，將舞菇以外的蔬菜和月桂葉用中小火炒過。全體炒成黃褐色後加入牛筋肉、絞肉，用鹽、胡椒和肉荳蔻調出底味，待肉炒出焦色後再加入雞肝和紅酒，炒至收乾。

Ⅲ 水分炒乾後加入舞菇和番茄燉煮40～50分鐘。加入巴沙米可醋、鹽、胡椒調味。

Ⅳ 煮一大鍋熱水並加入一撮鹽，沸騰加入細扁麵去煮。用平底鍋加熱一人份的肉醬。義大利麵水煮時間為外袋標示時間再減去1分鐘，撈起後放入平底鍋中加入奶油拌一下。關火後盛盤，再灑上起司粉。

menu 034

BEEF

／肉大塊／燉牛肉

在家裡重現餐廳的味道！

POINT!!

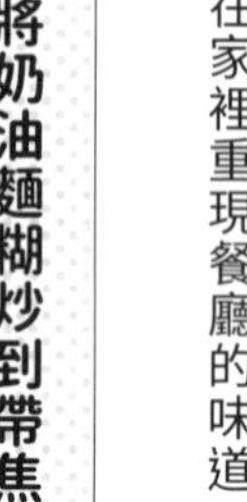

壹 將奶油麵糊炒到帶焦色的深褐色

炒麵糊是深色色澤和濃厚滋味的基礎，要花時間充分炒過。花半天去炒也可以。

貳 肉要煎過增加香氣

肉的焦痕所帶有的香氣可讓燉肉的鮮味更上一層樓。要仔細去煎，務必小心不要煎到焦掉。

參 用鹽麴增加鹹味、甘甜和濃厚滋味

製作燉牛肉就是要不擇手段做出濃厚的滋味。也可加入醬油和味噌，但就會比較偏和風風味。

■材料（5人份）

牛腱700g、洋蔥3顆、西芹1根、紅蘿蔔2根、大蒜1瓣、月桂葉3片、磨菇1大盒、紅酒300㎖、番茄糊1袋（小）、奶油50g、麵粉90g、半釉汁[14] 1罐、橄欖油2大匙、鹽・胡椒 適量、鹽麴（味噌亦可）適量

■做法

❶ 大蒜、紅蘿蔔（1根的量）、西芹切碎，洋蔥切薄片，剩下的紅蘿蔔去皮後切成滾刀塊。牛筋肉灑上鹽和胡椒。

14 demi-glac，法式醬汁的一種，多明格拉斯醬。

Ⅱ 平底鍋用大火熱過，加入1大匙橄欖油去炒牛筋肉。炒到表面帶焦色時就可以起鍋，再將火轉小成中火。加入剩下的橄欖油炒切碎的蔬菜和洋蔥。洋蔥炒成黃褐色後加入1L的水（未記載於食譜中）、紅酒、牛筋肉、紅蘿蔔、蘑菇、番茄糊、月桂葉後用小火燉煮入味。

Ⅲ 製作炒麵糊。拿一個新的平底鍋用中小火炒奶油和麵粉。待麵粉炒到變色就將火轉小。炒到全體呈深褐色時，一點一點分批加入Ⅱ的湯去稀釋。

Ⅳ 將Ⅲ的炒麵糊和半釉汁加到Ⅱ的鍋子裡。一邊試味道一邊用鹽麴和胡椒調味。

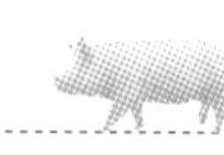

menu 035

╱肉味濃！╱
紅燒豬肉

要從缺乏肉味的弱弱紅燒肉畢業了！

POINT!!

壹

豬肉不要先水煮過而是去煎炸油花部分

水煮會讓滋味流失，採用煎炸手法將美味的流失程度壓到最少。

貳

煎過可增強香氣

炸過的肉切好後確實煎出焦痕可增加香氣和滋味。

參

絕對不可煮到沸騰

為了避免讓肉的組織收縮，要用小火加熱。煮到讓成品稍微殘留筋的纖維感並帶有圓潤濃厚的肉味。

■材料（6人份）

豬五花肉塊　1kg
生薑　1塊（15g）
昆布　10cm×10cm
水　500mℓ
日本酒　500mℓ
砂糖　4大匙
醬油　4大匙
沙拉油　50cc

■做法

Ⅰ 在鍋裡裝水放入昆布用極小火加熱。

Ⅱ 將沙拉油倒入平底鍋裡用中小火加熱。接下來要煎炸生薑和豬五花肉

塊，五花肉塊肥肉側要朝下。待肥肉側上方的肉開始變色就起鍋，關火並把油瀝乾。

Ⅲ 煎好的豬肉切成2㎝厚。平底鍋再次用中小火加熱，將豬肉煎到橫切面呈金黃色為止。於昆布高湯中加入日本酒，不要蓋上鍋蓋，加入肉和砂糖去燉煮入味，並適時補充變少的水量。

Ⅳ 一邊勤撈雜質一邊燉煮約90分鐘，再加入醬油繼續煮60分鐘。蓋上鍋蓋後自然放涼，要吃時再加熱。

製作最棒的燉煮料理前一定要知道的一件事

在設計本書用的燉牛肉食譜時重新調查了食材的成分和手法的效果後我突然發現了一件事。說不定燉牛肉就是最棒的燉煮料理。因為燉牛肉所使用的食材和調理法全都和鮮味的生成直接相關。

說到燉牛肉的主要食材，一般包括洋蔥、紅蘿蔔、蘑菇、牛肉等。半釉汁不用說也富含鮮味，其他還加了如番茄、紅酒、大蒜、西芹等多樣食材。而這些食材幾乎都和「鮮味」直接相關。

按照燉牛肉食譜的製作步驟的第一步是製作炒麵糊。麵粉用奶油炒到變色會產生「梅納反應」——糖和胺基酸反應生成各色各樣的香氣成分。據說有些老牌洋食店光是這個作業就要花費1~2周。原本奶油（脂質）和麵粉（糖質）就是超越味覺，會讓腦本能地感到「好吃」的「暗器」，不僅如此，在這之上又和許多鮮味相乘。

此外，湯裡面加了富含麩胺酸的香味蔬菜洋蔥、紅蘿蔔、西芹。義大利稱用這三種蔬菜所炒成菜為「soffritto」，是鮮味的基底，是足以被稱為萬能的「蔬菜高湯」的存在。還要再加上自牛肉所萃取出，富含肌苷酸（柴魚高湯的鮮味來源）的小牛高湯（fond de veau），做成「燉牛肉」時，還會再加入蔬菜和肉的鮮味。而且這時用的牛肉有先炒香，因為梅納反應，鮮味亦加倍成長。有些食譜裡還會另外加入大蒜、番茄（汁或泥）等含有豐富麩胺酸鮮味的食材。

「柴魚高湯」的象徵，麩胺酸和肌苷酸互相搭配可讓鮮味增幅10倍以上。而且兩者的比例在7：3～3：7左右的配方最能讓美味增幅。除此之外，蘑菇鮮味的主成分「鳥苷酸」和麩胺酸搭配更可讓鮮味增幅數十倍之譜。這樣算起來鮮味都已經不知道已經增幅了幾十倍了。

順道一提，近年的研究顯示蘑菇雖然用100℃加熱鳥苷酸會減少，但若用60℃加熱就會增加1.8倍。

也就是說，大家所知道的關於燉煮燉肉時的基本規則「不可煮沸」、「用小火慢燉」也同時具有讓蘑菇鮮味增幅的意義。雖然較不為人知，但近來的研究也顯示其實番茄也含有鳥苷酸，也會因加熱而增加。

這樣分析下來，燉牛肉簡直就是鮮味的寶庫。光看滋味這一塊，半釉汁（糖質＋脂質＋梅納反應＋肌苷酸＋麩胺酸）、料（梅納反應＋麩胺酸＋肌苷酸＋鳥苷酸）和鮮味已經不知道加乘了多少倍。

牛筋肉從一加熱到40幾度℃為止會越來越軟，但一旦超過60℃左右就會急速開始變硬。構成肌肉纖維的細肌原纖維蛋白會黏在一起，讓肉變硬。加上超過65℃後膠原蛋白會強烈收縮，又會讓肉質吃起來更硬。如果用比小火再大一點的火維持75℃以上去煮可促進膠原蛋白的凝膠化，接下來就可越煮越軟，煮成入口即化的口感。

製作燉煮料理時，很多人覺得加不加蓋差不多。但就算同樣是小火，不上蓋時明明水溫只有70～75℃左右，但一加蓋甚至可能超過90℃。因此加不加蓋應當被視為燉煮料理的重要因素。希望大家可以根據使用食材、目標口感去思考「加蓋或不加蓋」。

至於溫度對於味道的影響又是如何呢。以前鹿兒島大學的研究人員曾將牛腿肉加入湯中用70℃、80℃、92℃三階段的溫度去加熱進行含有膠原蛋白的肉之蛋白質溶出量的比較實驗。結果，70℃、80℃的加熱較92℃比起來蛋白質的溶出量少了20～30%。掌管鮮味和圓潤口感的膠原蛋白溶出量較少雖然代表湯裡的鮮味較稀薄，但同時可以解釋成未流失的鮮味都還留在肉裡。

若要將膠原蛋白的鮮味萃取到湯裡，那用高溫去煮較容易溶出。不過高溫對除了膠原蛋白之外的其他成分則有較多不利的影響。如前述的蘑菇裡的鳥苷酸用100℃去燉煮時含量會減少到比生蘑菇還要少。而肌苷酸也是，若用接近100℃的高溫持續加熱就會被分解掉，含量會減少，到現在日本料理在萃取高湯時的一般做法，還是將含大量肌苷酸的柴魚片放入80～90℃的熱水中不煮沸就關火。

不過顧得了東就顧不了西，就連只要沿著幾個步驟就可產生多重美味的燉牛肉亦然。因此不是硬去增加越多鮮味越好，只要鎖定目標去選擇能發揮最大限度效果的食材組合去帶出滋味就已經是最佳方案了。

例如，燉煮料理也會因詮釋方法不同溫度不同而有不同適性。

・由腱子、筋的部位等富含膠原蛋白的肉類所做成，目標是肉的Q彈口感的料理
↓用75～85℃以上高溫長時間加熱。

・由胸肉等膠原蛋白含量較少的肉所做成，目標是濕潤柔嫩口感的料理，如水煮雞肉
↓低溫長時間加熱（可選擇用70℃以下加熱，或者可將肉下到熱水後蓋上蓋子關火，

若溫度降到50幾℃時可視情況再次加熱到60幾℃）。

・燉肉料理等目標是同時做出美味料和湯的料理

↓用中溫根據菜色去調整加熱時間（不加蓋用小火慢燉，維持在70幾℃）。

大致可以分成以上幾種情況。

當然，其他食材也有各自的加熱適性，因此世界上並不存在絕對不能更改的食譜。我曾經訪問過的專業主廚和一流的料理人皆異口同聲說過：「拘泥於數字毫無意義」。味道是非常難以捉摸的。從天候乃至食材，甚至是做的人和吃的人的身體狀況等諸多不確定要素都可輕而易舉地改變味道。拿先前的燉牛肉為例，若要給年邁咀嚼力不夠的雙親吃，那應該要用高溫燉煮促進膠原蛋白的熱凝膠化，如果要給喜歡菇類滋味的小孩子吃，那就應該要盡量維持低溫去加熱。雖說數字對設立一個標準來說是必要的，但若只是一味地執著於數字反倒會迷失食物的本質。

說到底，對製作料理的人來說，絕對不可忘記的重點或許只有一個：

「自己究竟是為了誰要做什麼樣的料理呢」。

這世上有著唯有「家」才做得出的味道。

主要食材一覽表

〈雞〉

〈羊〉

以主要調理法分類

用平底鍋煎

用烤箱烤

用小烤箱烤

用對流式烤箱烤

用BBQ烤肉爐烤

炒煮

煮

蒸

水煮

炸

炸・炒

主要参考文献

『NEW調理と理論』山崎 清子、島田 キミエ、渋川 祥子、下村 道子、市川 朝子、杉山 久仁子（同文書院）／『おいしさをつくる「熱」の科学』佐藤秀美（柴田書店）／『食肉加工ハンドブック』（編）天野 慶之〔他〕（光琳）／『マギー キッチンサイエンス―食材から食卓まで』（著）Harold McGee、（監修、翻訳）香西 みどり（共立出版）／『Cooking for Geeks―料理の科学と実践レシピ』（著）Jeff Potter、（訳）水原 文（オライリー・ジャパン）／『新装版「こつ」の科学』杉田浩一（柴田書店）／『料理と科学のおいしい出会い』石川 伸一（化学同人）／『食品・料理・味覚の科学』都甲 潔、飯山 悟（講談社）／「料理の科学①』料理の科学②』著）ロバート・L・ウォルク、（訳）ハーバー保子（楽工社）／『おいしさの科学 味を良くする科学』河野 友美（旭屋出版）／『理屈で攻める・男の料理術』（著）ラス・パースンズ、（訳）忠平 美幸（草思社）／『調味料の効能と料理法』松田 美智子（誠文堂新光社）／『うま味って何だろう』栗原 堅三（岩波ジュニア新書）／『コクと旨味の秘密』伏木 亨（新潮新書）／『うま味―味の再発見』（編）川村 洋二郎、木村 修一（栄大選書）／『だしの秘密』河野 一世（建帛社）／『実況（ライブ）・料理生物学』小倉 明彦（大阪大学出版会）／『科学的に正しい料理のコツ』左巻 健男、稲山ますみ（日本実業出版社）／『茶の湯の科学入門』堀内國彦（淡交社）／『料理と栄養の科学』（監修）渋川 祥子、牧野 直子（新星出版社）／『ぷくぷく、お肉』河出書房新社）／「うまい肉の科学』（著）肉食研究会、（監修）成瀬宇平（サイエンス・アイ新書）／『牛肉の魅力』（公益財団法人 日本食肉消費総合センター）／『新版 総合調理科学事典』（編）日本調理科学会（光生館）／『ハンバーガーの歴史』著）アンドルー・F・スミス、（訳）小巻 靖子（スペースシャワーネットワーク）

＊＊＊＊＊

羽田 明子、岩見 哲夫、中村 アツコ、伊元 光代（1990）「低温低速オーブンで加熱調理した牛腿肉の性状」、『調理科学』、23（2）、180-185

粟津原 元子、田中 佐知、早瀬 明子、香西 みどり（2013）「加熱速度の異なる調理方法による雞肉のうまみ成分の変化」、『日本調理科学会誌＝Journal of Cookery Science of Japan』、46

（3）、188-195

黒田 素央、山中 智彦、宮村 直宏（2004）「食品の加熱熟成に伴う旨味の変化―加熱によるコク味発現を中心に」、『日本味と匂学会誌』、11（2）、175-180

石井 克枝（他）、土田 美登世、西村 敏英、沖谷 明紘、中川 敦子、畑江 敬子、島田 淳子、（1995）「低温長時間加熱による牛肉の旨味物質と旨味性の変化」、『日本家政学会誌』、46（3）、229-234

加藤 征江（2009）「揚げ物調理の条件が揚げ油の劣化と揚げ物の官能評価に及ぼす影響」、『日本食生活学会誌』、20（1）、47-54

安本 教伝（1990）「食肉の鹽漬（食研講演会要旨）」、『京都大学食糧科学研究所報告』、53、17-20.

高橋 淑子、寺田 和子（2001）「食肉加工用調味料を使用した雞もも肉から揚げの食味特性」、『研究紀要』（駒沢女子大学）、34、31-36

池田 敏雄（他）、斎藤 不二男、安藤 四郎（1978）「畜肉の保水力に関する研究-3-畜肉への加鹽時期と鹽漬日数が保水力におよぼす影響」、『畜産試験場研究報告』、33、15-21

塚正 泰之（他）、福本 憲治、朝井 大、藤間 能之、赤羽 義章、鈴木 富久子、安本 教傳（1989）「豚肉の鹽漬期間中の旨味成分の変化」、『日本食品工業学会誌』、36（4）、279-285

藤野 正行（他）、阿武 尚彦、赤羽 義章、藤間 能之、安本 教傳（1989）「通常及び無菌化豚肉中遊離脂肪酸の鹽漬ならびに加熱による変化」、『日本食品工業学会誌』、36（4）、286-292

山中 洋之、秋元 政信、金井 聡（他）、鮫島 隆、有原 圭三、伊藤 良（2001）「湿鹽法で調製した鹽漬肉における微生物叢推移と理化学的変化」、『日本食品科学工学会誌：Nippon shokuhin kagaku kogaku kaishi=Journal of the Japanese Society for Food Science and Technology』、48（11）、835-839

原 知子、吉永 隆夫（2011）「ゆで加熱における鍋容器内の溫度分布―具材の大きさによる影響」、『神戸山手短期大学紀要』、（54）、89-96

中村良（他）（１９８８）、「食品蛋白質のゲル形成機構」、『日本農芸化学会誌』、62（５）、８７９－８８１

鮫島 邦彦、安井 勉、（１９８８）「ミオシンの熱ゲル化反応機構」、『日本農芸化学会誌』、62（５）、８９２－８９５

杉山 寿美、水尾 和雅、野村 知未（他）、原田 良子、（２０１１）、「豚角煮の加熱過程における生姜搾汁、キウイフルーツ果汁の添加がコラーゲン量と脂質量に及ぼす影響」、『日本調理科学会誌』、44（６）、４１１－４１６

森本 美里、有泉 文賀、志田 万里子（２０１０）「マイタケで茶碗蒸しはなぜ固まらないのか―他の食用きのこ類プロテアーゼとの比較―」、『山梨学院短期大学研究紀要』、30、７－14

阿部 真紀、小針 清子、秋田 修（２０１３）「市販鹽麹製品と自家製鹽麹中の酵素活性比較」、『実践女子大学生活科学部紀要』、50、１７１－１７６

山本 直子、大内 和美、歌 亜紀（２０１４）「鹽麹の酵素活性の変動」、『東京聖栄大学紀要』、ＶＯＬＮ６、70

井上 貞仁、阿部 茂、能林 義晃、山崎 邦雄、下林 義昭（２００２）、「微生物・酵素等の高度利用による高付加価値化食品の開発」、『北海道立食品加工研究センター研究報告 =Bulletin of Hokkaido Food Processing Research Center』、５、１－８

伊藤 雅子、加藤 丈雄、西田 淑男、鳥居 貴佳、深谷 伊和男（２００１）、「米味噌麹中のタンパク質分解促進に関する研究」、『愛知県食品工業技術センター年報』、42、35－37

下村 道子、小串 美恵子、山崎 清子（１９８２）、「加熱魚肉の硬さにおよぼす酒の影響」、『家政学雑誌』、33（１）、27－31

木村 友子、加賀谷 みえ子、福谷 洋子（１９９２）「雞肝臓味噌漬の性状と嗜好に及ぼす各種味噌の影響」、『調理科学』、25（２）、１１０－１１７

木村 友子、福谷 洋子、加賀谷 みえ子（１９９１）「雞肝臓マリネの調製条件と清酒添加の影響」、『日本家政学会誌』、42（２）、１５１－１５９

瀬戸 美江、蒲原 しほみ、藤本 健四郎、（２００３）、「レバーソ

テーのにおいに及ぼす調理温度の影響」、『日本調理科学会誌』、36（1）、2-7

木村 友子（他）、加賀谷 みえ子、福谷 洋子、菅原 龍幸（1993）「雞肝臓糠漬の調製条件と焼酎及び砂糖添加の影響」、『日本家政学会誌』44（10）、845-854

木村 友子、小川 安子（1985）「超音波照射の調理への利用効果-3-雞肝臓の血抜きと脱臭効果の研究」、『家政学雑誌』36（11）、851-860

吉村 美紀、大矢 春、藤村 庄（他）、渡辺 敏郎、横山 真弓（2011）「天然シカ肉加工品の物性および嗜好性に及ぼす多穀麹添加の影響」、『日本食品科学工学会誌：Nippon shokuhin kagaku kogaku kaishi =Journal of the Japanese Society for Food Science and Technology』、58（11）、517-524

辰口 直子、阿部 加奈子、杉山 久仁子（他）、渋川 祥子（2004）「炭焼き加熱特性の解析（第1報）：熱流束一定条件下での伝熱特性の比較」、『日本家政学会誌』、55（9）、707-714

下村 道子（2000）「肉の加熱調理に砂糖を用いる効果」、独立行政法人農畜産業振興機構、http://sugar.alic.go.jp/japan/view/jv_0004a.htm

山本 直子、大内 和美、哥 亜紀、（2013）「鹽麹の酵素活性の変動」、日本調理科学会平成25年度大会（8月24日）

厚生労働省
http://www.mhlw.go.jp/

農林水産省
http://www.maff.go.jp/

公益財団法人日本食肉消費総合センター
http://www.jmi.or.jp/

USDA（アメリカ農務省）
http://www.usda.gov/wps/portal/usda/usdahome

CODEX（コーデックス＝食品の国際規格）
http://www.codexalimentarius.org/

結語

「人生當中所剩的用餐次數」其實意外地少。以40歲的人活到80歲為例，「1天3餐×365天×剩下40年」=43,800餐……應該不到，越高齡吃得越少，也可能生病。就算沒有以上情況，也可能因為太忙而沒吃飯。就算在自己家吃飯，能選擇自己愛吃東西的機會也不多。

對世上大多數的人來說，肉是大餐。我期許本書能以某種形式對提升肉的滋味做出貢獻。

最後是致謝辭。首先要感謝Magazine House的小澤由利子小姐，不僅讓您久等到最後一刻才交稿，還有勞您將內容漂亮地編排收進書中，非常感謝。以吉村亮先生為首的吉村設計事務所的各位，在日程緊湊的狀況下，實現我接二連三所提出的任性要求，並做出完美的成果，實在太感謝了。

祝福所有愛肉者皆能獲得幸福！

二〇一四年吉月二十九日 松浦達也

〈初次發表〉

●うまいものばか！美食癡！
http://umaimonoholic.blogspot.jp/

●肉ラボ
https://www.facebook.com/meatlaboratory

●メンズスキンケア大学「キクニク！」
http://mens-skincare-univ.com/lifestyle/article/007278/

●All About News Dig
http://allabout.co.jp/newsdig/

●NEWSポストセブン「大衆食文化百貨」
NEWS Post Seven「大眾食文化百貨」
http://www.news-postseven.com/archives/tag/series-matsuura

●エキサイトレビュー
http://www.excite.co.jp/News/reviewgadget/

Special Thanks To

（原）宮崎牛BBQ部準備委員＆參加者各位/供餐系男子成員＆客戶＆關係人士/由下城民夫會長代表之日本BBQ協會烤肉指導員各位/Discover 21各位/dancyu編輯部各位/週刊SPA！編輯部各位/廣瀨農園各位/肉部【NIC29】各位/漫畫大獎執行委員＆選考委員各位/Summer sonic參加者各位/乘鞍高原德式製法香腸工房 施坦貝格・久保弘樹/玉井泰史/小石原HARUKA/小堀正展/島影真奈美/松澤夏織/齋藤賢太郎/千葉正幸（敬稱略）

肉料理的美味科學

拆解炸雞、牛排、漢堡肉等35道肉料理的美味關鍵，在家也能做出如同專業廚師水準的料理筆記

家で「肉食」を極める！肉バカ秘蔵レシピ　大人の肉ドリル

作者	松浦達也
翻譯	周雨枏
責任編輯	張芝瑜
美術設計	郭家振
行銷企劃	蔡函潔
發行人	何飛鵬
事業群總經理	李淑霞
副社長	林佳育
副主編	葉承享
出版	城邦文化事業股份有限公司 麥浩斯出版
E-mail	cs@myhomelife.com.tw
地址	104 台北市中山區民生東路二段 141 號 6 樓
電話	02-2500-7578
發行	英屬蓋曼群島商家庭傳媒股份有限公司城邦分公司
地址	104 台北市中山區民生東路二段 141 號 6 樓
讀者服務專線	0800-020-299（09:30 ～ 12:00; 13:30 ～ 17:00）
讀者服務傳真	02-2517-0999
讀者服務信箱	Email: csc@cite.com.tw
劃撥帳號	1983-3516
劃撥戶名	英屬蓋曼群島商家庭傳媒股份有限公司城邦分公司
香港發行	城邦（香港）出版集團有限公司
地址	香港灣仔駱克道 193 號東超商業中心 1 樓
電話	852-2508-6231
傳真	852-2578-9337
馬新發行	城邦（馬新）出版集團 Cite（M）Sdn. Bhd.
地址	41, Jalan Radin Anum, Bandar Baru Sri Petaling, 57000 Kuala Lumpur, Malaysia.
電話	603-90578822
傳真	603-90576622
總經銷	聯合發行股份有限公司
電話	02-29178022
傳真	02-29156275
製版印刷	凱林彩印股份有限公司
定價	新台幣 360 元／港幣 120 元
ISBN	978-986-408-473-9

2022 年 04 月初版 2 刷・Printed In Taiwan

國家圖書館出版品預行編目(CIP)資料

肉料理的美味科學：拆解炸雞、牛排、漢堡肉等35道肉料理的美味關鍵，在家也能做出如同專業廚師水準的料理筆記 / 松浦達也作；周雨枏譯．-- 初版．-- 臺北市：麥浩斯出版：家庭傳媒城邦分公司發行，2019.02

面；　公分

譯自：家で「肉食」を極める！肉バカ秘蔵レシピ：大人の肉ドリル

ISBN 978-986-408-473-9(平裝)

1. 肉類食譜

427.2　　108001160